BestMasters

Mit „BestMasters" zeichnet Springer die besten Masterarbeiten aus, die an renommierten Hochschulen in Deutschland, Österreich und der Schweiz entstanden sind. Die mit Höchstnote ausgezeichneten Arbeiten wurden durch Gutachter zur Veröffentlichung empfohlen und behandeln aktuelle Themen aus unterschiedlichen Fachgebieten der Naturwissenschaften, Psychologie, Technik und Wirtschaftswissenschaften.

Die Reihe wendet sich an Praktiker und Wissenschaftler gleichermaßen und soll insbesondere auch Nachwuchswissenschaftlern Orientierung geben.

Abdelhamid Bouabid

Herstellung metallisch gebundener Schleifscheiben für das Schleifen von Riblets

Abdelhamid Bouabid
Hannover, Deutschland

BestMasters
ISBN 978-3-658-09908-4   ISBN 978-3-658-09909-1 (eBook)
DOI 10.1007/978-3-658-09909-1

Die Deutsche Nationalbibliothek verzeichnet diese Publikation in der Deutschen Nationalbibliografie; detaillierte bibliografische Daten sind im Internet über http://dnb.d-nb.de abrufbar.

Springer Vieweg
© Springer Fachmedien Wiesbaden 2015
Das Werk einschließlich aller seiner Teile ist urheberrechtlich geschützt. Jede Verwertung, die nicht ausdrücklich vom Urheberrechtsgesetz zugelassen ist, bedarf der vorherigen Zustimmung des Verlags. Das gilt insbesondere für Vervielfältigungen, Bearbeitungen, Übersetzungen, Mikroverfilmungen und die Einspeicherung und Verarbeitung in elektronischen Systemen.
Die Wiedergabe von Gebrauchsnamen, Handelsnamen, Warenbezeichnungen usw. in diesem Werk berechtigt auch ohne besondere Kennzeichnung nicht zu der Annahme, dass solche Namen im Sinne der Warenzeichen- und Markenschutz-Gesetzgebung als frei zu betrachten wären und daher von jedermann benutzt werden dürften.
Der Verlag, die Autoren und die Herausgeber gehen davon aus, dass die Angaben und Informationen in diesem Werk zum Zeitpunkt der Veröffentlichung vollständig und korrekt sind. Weder der Verlag noch die Autoren oder die Herausgeber übernehmen, ausdrücklich oder implizit, Gewähr für den Inhalt des Werkes, etwaige Fehler oder Äußerungen.

Gedruckt auf säurefreiem und chlorfrei gebleichtem Papier

Springer Fachmedien Wiesbaden ist Teil der Fachverlagsgruppe Springer Science+Business Media
(www.springer.com)

Abstract

Das vorliegende Vorhaben befasst sich mit der Herstellung metallisch gebundener Schleifscheiben, die zum Anfertigen verlustvermindernder, kleinskaliger Riblet-Strukturen dienen sollen. Basierend auf Daten, die aus dem Herstellprozess gewonnen werden, erfolgt die Entwicklung von neuen Charakterisierungsmethoden der Werkzeuge. Schleifscheibeneigenschaften wie beispielhaft Porosität, Verschleißfestigkeit oder Homogenität der Komponentenverteilung werden anhand dieser Methoden ermittelt und dazu verwendet, Schleifscheibenmodelle abzubilden. Während der zum Herstellprozess anschließend durchgeführten Planschleifuntersuchungen lassen sich Einsatzverhalten beobachten, die anhand der Schleifscheibenmodelle bereits vor dem Einsatz zu antizipieren waren. Durch die Betrachtung der Charakterisierungsergebnisse aus einer herstellungstechnischen Hinsicht werden systematische Korrelationen zwischen den Herstellprozessstellgrößen sowie Schleifscheibenspezifikationen und den Eigenschaften nachgewiesen. Im Rahmen der Strukturierungs- und Ribletsschleifuntersuchungen wird die Qualität der auf die Schleifscheiben generierten Nuten und der geschliffenen Strukturen beurteilt.

Institutsprofil

Das Institut für Fertigungstechnik und Werkzeugmaschinen der Leibniz Universität Hannover beschäftigt sich mit sämtlichen Aspekten der spanenden Fertigungstechnik: vom Zerspanprozess über die Maschinenentwicklung bis zur Fertigungsplanung und -organisation. Dabei verbinden wir experimentelle, theoretische und simulationsgestützte Methoden und decken sowohl Grundlagenforschung als auch praxisnahe Forschung und Entwicklung sowie Dienstleistungen und Beratung ab.

Die enge Verzahnung von Universität und Industrie ist für uns - als Mittler zwischen Forschung und Praxis - ein Grundpfeiler unserer Arbeit. Neben Forschung und Entwicklung ist die Ausbildung von Studenten unsere zentrale Aufgabe. Unser Lehrangebot umfasst sämtliche Bereiche, in denen wir auch in der Forschung aktiv sind:

- Fertigungsverfahren
- Komponenten
- Maschinenstrukturen
- Fertigungsplanung und –organisation
- Hochleistungsproduktion CFK

Danksagung

An dieser Stelle möchte ich mich bei allen Personen bedanken, die mich bei der Erstellung dieser Arbeit unterstützt haben.
Herrn Prof. Dr.-Ing. Berend Denkena, dem Leiter des Instituts für Fertigungstechnik und Werkzeugmaschinen, gilt mein Dank für die Möglichkeit zur Durchführung dieser Themenstellung.
Mein besonderer Dank gilt Herrn Dipl. Wirt.-Ing. Thomas Krawczyk für die Betreuung. Seine Engagement und die wertvollen fachlichen Anregungen haben zum Gelingen dieser Arbeit beigetragen. Insbesondere möchte ich mich bei ihm dafür bedanken, dass ich die Fragestellung nach meinen eigenen Vorstellungen entwickeln durfte.
Herrn Dipl.-Ing (FH) Dirk Preising danke ich herzlich für die langjährige Zusammenarbeit in dem Bereich Schleifscheibenherstellung am Institut und für die fachliche Unterstützung während der Durchführung der praktischen Untersuchungen.
Ferner danke ich Dipl.-Ing. M. Bechir Hachicha und Jan Jovers für die Durchsicht des Manuskripts und für die fachliche Unterstützung während der Erstellung dieser Arbeit.
Ein ganz besonderer und herzlicher Dank gilt meiner Familie, die meinen Werdegang ermöglicht und stets gefördert haben.
Zum Schluss möchte ich noch das BMBF erwähnen, das durch die Förderung des Vorhabens „Nachweis des aerodynamischen Potentials von durch Schleifen und Laserabtrag hergestellten Riblets in einem hochbelasteten Axialverdichter" mit dem Kennzeichen 03V0473 diese Arbeit erst möglich gemacht hat.

Hannover, im August 2014

Abdelhamid Bouabid

Inhaltsverzeichnis

ABBILDUNGSVERZEICHNIS XV

TABELLENVERZEICHNIS XIX

ABKÜRZUNGSVERZEICHNIS XXIII

1 EINLEITUNG 1

2 STAND DES WISSENS 3
   2.1   Riblets 3
      2.1.1   Grundlagen 3
      2.1.2   Verfahren zur Herstellung von Riblets 6
   2.2   Ribletsherstellung mit Umfangsschleifscheiben 10
   2.3   Metallisch gebundene cBN-Schleifscheiben 15
      2.3.1   Zusammensetzung 15
      2.3.2   Sintern von metallisch gebundenen Schleifscheiben 16
   2.4   ECCD-Abrichten metallischer Schleifscheiben 20
      2.4.1   Funktionsprinzip und Profilentstehungsmechanismen 20
      2.4.2   Prozesskinematik zur Mehrfachprofilierung 21
      2.4.3   Einflussgrößen beim ECCD-Abrichten 22
   2.5   Fazit zum Ableiten der Aufgabenstellung 26

3 ZIELSETZUNG 29

4 VERSUCHSEINRICHTUNGEN UND MESSTECHNIK 31
   4.1   Rohstoffe und Werkzeuge 31
   4.2   Dr. Fritsch Drucksinterpresse 32
   4.3   Versuchswerkstoff 33
   4.4   Walter 5-Achs Werkzeugschleifmaschine 34
   4.5   Auswertetechniken 34

5 VORGEHENSWEISE UND VERSUCHSPLANUNG ... 37

5.1 Herstellen der Versuchswerkzeuge ... 37
   5.1.1 Vorbereitung der Grünlinge ... 37
   5.1.2 Einstellen der Sinterpresse ... 39
   5.1.3 Störfaktoren des Sinterprozesses ... 40
   5.1.4 Herstellparameter der Versuchswerkzeuge ... 41
   5.1.5 Strategien zur Charakterisierung der Schleifwerkzeuge ... 44
5.2 Umfangsplanschleifuntersuchungen ... 48
   5.2.1 Konditionieren der Schleifscheiben ... 48
   5.2.2 Einsatz der Schleifscheiben zum Umfangsplanschleifen ... 49
5.3 Strukturierung mittels des ECCD-Abrichtverfahrens ... 53
5.4 Riblets-Schleifuntersuchungen ... 54

6 VALIDIERUNG DER CHARAKTERISIERUNGSUNTERSUCHUNGEN ... 55

7 CHARAKTERISIEREN UND EINSATZ DER SCHLEIFSCHEIBEN ... 71

7.1 Voruntersuchung zum Einfluss des Sinterdrucks ... 71
7.2 Herstellparameter der Basis-Schleifscheiben ... 73
7.3 Schleifen mit den Basis Schleifscheiben ... 75
7.4 Anpassung der Herstellparameter ... 80
7.5 Anpassung der Schleifscheibenspezifikationen ... 84
7.6 Fazit zu den Planschleifuntersuchungen ... 87

8 UNTERSUCHUNGEN ZUM SCHLEIFEN VON RIBLETS ... 89

8.1 Generierung der Schleifscheibenprofile ... 89
   8.1.1 Qualitative Betrachtung der generierten Nuten ... 89
   8.1.2 Profilieren von mehrfach Mikroprofilen ... 90
8.2 Profilschleifuntersuchungen ... 91

9 FEHLERBETRACHTUNG DES HERSTELLPROZESSES ... 93

9.1 Störfaktoren des Herstellprozesses ... 94
   9.1.1 Abweichungen der Prozessstellgrößen ... 94
   9.1.2 Einfluss einer Abweichung der Rohlingsmasse ... 98
9.2 Reproduzierbarkeit des Herstellprozesses ... 99

9.3 Einfluss des Verdichtungsgrades auf die Porosität ... 103

10 FOLGERUNGEN FÜR DEN HERSTELLPROZESS ... 105

10.1 Einfluss der Herstellparameter ... 105
    10.1.1 Einfluss des Sinterdrucks ... 105
    10.1.2 Einfluss der Sinterzeit ... 108
10.2 Einfluss der Spezifikation ... 110
    10.2.1 Einfluss des Bindungsanteils ... 110
    10.2.2 Einfluss der Schleifkornkonzentration ... 111
    10.2.3 Einfluss der Korngröße ... 112
10.3 Fazit zur Herstellung metallischer Schleifscheiben ... 114

11 ZUSAMMENFASSUNG UND AUSBLICK ... 117

12 LITERATURVERZEICHNIS ... 121

Abbildungsverzeichnis

Abbildung 1.1 Riblets für Verdichterschaufeln..1

Abbildung 2.1 Mechanismen an überströmten, ebenen Platten [WAN10].............4

Abbildung 2.2 Funktionsprinzip von Riblets [WAN10]......................................5

Abbildung 2.3 Schleifstrategien zur Erzeugung von Riblet-Strukturen [WAN10]..9

Abbildung 2.4 Soll- und Ist-Geometrie eines Schleifscheibendachprofils [WAN10]..10

Abbildung 2.5 Profilverschleißmechanismen am Beispiel einer profilierten SiC keramisch gebundenen Schleifscheibe [WAN10]................12

Abbildung 2.6 Gratbildung beim Riblet-Schleifen [WAN10]............................13

Abbildung 2.7 Beeinflussung der Benetzung durch den Randwinkel [SCH92]..18

Abbildung 2.8 Beeinflussung der Kontaktbrücken durch die Anziehungskraft FB [SCH92]..19

Abbildung 2.9 Schematische Darstellung des Teilchenumordnungsprozesses [SCH92]..20

Abbildung 2.10 Wirkprinzip des kontakterosiven Abrichtens [HAH12]..............21

Abbildung 2.11 Bemaßungen eines Nutprofils [HAH12]...................................22

Abbildung 2.12 Topographien nach dem ECCD-Abrichten [HAH12]................23

Abbildung 2.13 Ableitung der Aufgabenstellung..26

Abbildung 3.1 Vorgehensweise zum Erreichen des Arbeitsziels....................29

Abbildung 4.1 Technische Daten und REM-Aufnahmen der Rohstoffe..31

Abbildung 4.2 Sintermatrizen und deren Abmessungen................................32

Abbildung 4.3 Dr. Fritsch Sinterpresse..33

Abbildung 4.4 Versuchswerkstoff X20Cr13 [WAN10].....................................34

Abbildung 4.5	Walter Helitronic Power CNC-Werkzeugschleifmaschine	35
Abbildung 5.1	Beispiel eines programmierten Sinterprozesses	39
Abbildung 5.2	Zusammensetzung und Herstellparameter der Vorversuchswerkzeuge	42
Abbildung 5.3	Plan zu den Voruntersuchungen und der Schärfstrategie	43
Abbildung 5.4	Versuchsanordnung der Eindringversuche	47
Abbildung 5.5	Anordnung zur Realisierung des Bruchversuchs	48
Abbildung 5.6	Versuchsaufbau zum ECCD-Abrichten	49
Abbildung 5.7	Digitale Aufnahme eines Bruchstücks	50
Abbildung 5.8	Entwicklung der Prozesskräfte in Abhängigkeit der Vorschubgeschwindigkeit	51
Abbildung 5.9	Kinematik zur Generierung der Riblet-Strukturen	54
Abbildung 6.1	Brennkurve der Schleifscheibe	55
Abbildung 6.2	Stellgrößen- und Verdichtungsgradverlauf über die Zeit	56
Abbildung 6.3	Vereinfachungsmodell der Umordnungsintensität in dem Bereich 2	58
Abbildung 6.4	Reproduzierbarkeit des Verdichtungsverlaufs	59
Abbildung 6.5	Vortrocknung der Segmente	60
Abbildung 6.6	Entwicklung der Segmentmasse über die Zeit	61
Abbildung 6.7	Trocknung der Segmente nach dem Eintauchen	62
Abbildung 6.8	Reproduzierbarkeit zur Messung der Porosität	64
Abbildung 6.9	Berechnungsbeispiel der Porosität	64
Abbildung 6.10	Ergebnisse der Eindringversuche	65
Abbildung 6.11	Bruchverlauf und –kraft	66
Abbildung 6.12	Modellierung des Bruchversuchsaufbaus / statisch bestimmter System	67
Abbildung 6.13	Schleifscheibenmodell	68
Abbildung 7.1	Ergebnisse der Schleifvoruntersuchungen	72

Abbildungsverzeichnis

Abbildung 7.2 Sinterkurven und Zusammensetzung der Basis-Schleifscheiben..74

Abbildung 7.3 Ergebnisse zur Charakterisierungsuntersuchungen der Basis Schleifscheiben 75

Abbildung 7.4 Verläufe der Prozesskräfte..76

Abbildung 7.5 Gegenüberstellung der Leistungen von den Basis-Schleifscheiben...78

Abbildung 7.6 Übersicht über die weiteren Schleifscheiben.................................79

Abbildung 7.7 Ergebnisse der Charakterisierungsuntersuchungen der Schleifscheiben mit den angepassten Herstellparametern........81

Abbildung 7.8 Kraftverläufe der Schleifscheiben mit angepassten Herstellparametern..82

Abbildung 7.9 Gegenüberstellung der Leistungen von Schleifscheiben mit angepassten Herstellparametern..83

Abbildung 7.10 Ergebnisse der Charakterisierungsuntersuchungen der Schleifscheiben mit angepassten Spezifikationen......................84

Abbildung 7.11 Ergebnisse der Schleifuntersuchungen mit Schleifscheiben mit angepassten Spezifikationen..86

Abbildung 7.12 Gegenüberstellung der Leistungen von Schleifscheiben mit angepassten Spezifikationen..87

Abbildung 8.1 Betrachtung der erzeugten Nutengeometrien...............................90

Abbildung 8.2 Erzeugte Mehrfachprofile..91

Abbildung 8.3 Entwicklung des Profilhöhenverschleißes in Abhängigkeit der Schleiflänge..91

Abbildung 8.4 Beispiel einer durch Schiftkinematik entstandene, strukturierte Oberfläche...92

Abbildung 9.1 Berechnungsbeispiel der Druckabweichung wegen fehlerhafter Pressflächen..95

Abbildung 9.2 Druckabweichung aufgrund einer Eingabeungenauigkeit..96

Abbildung 9.3 Einfluss einer Pressabweichung auf dem Verdichtungsgrad..97

Abbildung 9.4 Abweichung des Verdichtungsgrades bei Pulververlusten..99

Abbildung 9.5 Gegenüberstellung der experimentellen und der theoretische Abweichung des Verdichtungsgrades........................100

Abbildung 9.6 Verdichtungsverlauf bei theoretisch identischen Sinterparametern..102

Abbildung 9.7 Abweichung der Porosität aufgrund einer Verdichtungsgradabweichung..104

Abbildung 10.1 Einfluss einer Verschiebung des Sinterdrucks auf die Schleifscheibeneigenschaften 106

Abbildung 10.2 Einfluss einer Modifikation des Druckverlaufs auf die Eigenschaften der Schleifscheiben 107

Abbildung 10.3 Schliffbilder..108

Abbildung 10.4 Einfluss der Sinterzeit auf die Schleifscheibeneigenschaften.........109

Abbildung 10.5 Einfluss des Bindungsanteils auf die Schleifscheibeneigenschaften..110

Abbildung 10.6 Einfluss der Schleifkornkonzentration auf die Schleifscheibeneigenschaften..112

Abbildung 10.7 Einfluss der Korngröße auf die Schleifscheibeneigenschaften...113

Abbildung 10.8 Aufnahme des Belags von der Schleifscheibe DA-10..............113

Abbildung 11.1 Einfluss des Herstellprozesses...119

Tabellenverzeichnis

Tabelle 2.1	Gegenüberstellung nicht spanhebender Fertigungsverfahren zur Herstellung von Mikrostrukturen……………………….….….…..7	
Tabelle 2.2	Gegenüberstellung spanhebender Fertigungsverfahren zur Herstellung von Mikrostrukturen……………………………….……….…..7	
Tabelle 5.1	Geplante Planschleifuntersuchungen……………...……....….……50	
Tabelle 5.2	Versuchsplan der Riblet-Schleifuntersuchungen………...…..….……54	
Tabelle 6.1	Schüttdichten der Rohstoffe……………………………...…..…….55	
Tabelle 6.2	Technische Daten der verwendeten Flüssigkeiten…………….…….60	
Tabelle 6.3	Parameter zur Durchführung der Porositätsuntersuchungen……...63	

Nomenklatur

Formelzeichen

Formelzeichen	Beschreibung	Einheit
A	Amplitude	-
a	Aspektverhältnis	-
a	Steigung	N/mm
a_e	Zustellung	µm
a_p	Eingriffsbreite	mm
A_S	Pressfläche	cm²
A_{yFL}	Energie je Flächeneinheit	J/mm²
b_f	Gratfußbreite	µm
b_{hr}	Rollgrathöhe	µm
b_l	abgewickelte Gratlänge	µm
b_{lr}	Rollgratbreite	µm
b_p	Profilbreite	µm
b_{Steg}	Stegbreite	µm
D	Durchmesser	mm
E	Elastizitätsmodul	N/m²
F	Kraft / Verschleißfestigkeit	N
F_B	Anziehungskraft	N
h	Profilhöhe/ höhe	µm
h_e	Profilhöhenüberlappung	µm
h_M	Matrizenhöhen	mm
I	Flächenträgheitsmoment	mm⁴
I_{d0}	Kurzschlussstrom	A
I_U	Umordnungsintensität	-
L	Schleiflänge	mm
m	Masse	Gramm
m_F	Masse nach dem Eintauchen	Gramm
mP	Masse der eingesaugten Flüssigkeit	Gramm
n	Anzahl	-
n_D	Durchmesserabweichungsfaktor	-
n_R	Rohstofffaktor	-
n_S	Abweichungsfaktor der Belagstärke	-
p	Druck	bar
P	Porosität	%

q_d	Geschwindigkeitsverhältnis	-
r_K	Profilkantenradius	µm
r_M	Profilflankenmittenradius	µm
S	Belagstärke/ Stempelposition	mm
s	Seitenabstand	µm
t	Stegbreite	µm
T	Temperatur	°C
t	Zeit	Sekunden
tp	Profiltiefe	µm
U_d	Überdeckungsgrad	-
U_{d0}	Leerlaufspannung	V
V	Volumen	mm³
v_c	Schnittgeschwindigkeit	m/s
v_{ft}	Vorschubgeschwindigkeit	mm/min
V_w	Zerspanvolumen	mm³
w	Biegung	mm
x,y,z	Koordinaten	mm
Z	Versatz	µm

Symbole

Symbol	Beschreibung	Einheit
$α_p$	Profilflankenwinkel	°
γ	Oberflächenspannung	N/mm²
Δ	Abweichung	-
$η_{Riblets}$	Effizienz von Riblets	%
$η_V$	Verdichtungsgrad	%
ϑ	kinematische Viskosität	m²/s
µ	Kraftverhältnis	-
ρ	Dichte	Gr./mm³
σ	Standardabweichung	-
$τ_0$	Wandschubspannung	N/mm²
$u_{τ0}$	Wandschubspannungsgeschwindigkeit	N/mm².s
ω	Randwinkel	°

Tiefgestellte Indizes

Indizes	Beschreibung
%	Prozentueller Anteil
0	Grünling/ Anfang
ax	Axiale Richtung
B	Bruch
D	Dekompressionen
i	Indizes
ist	Ist-Wert
L	Flüssige Phase
max	maximale
min	minimale
p	Poren
rad	Radiale Richtung
roll	Abrichtrolle
S	Schleifscheibe/ Feste Phase
Sch	Schüttdichte
SL	Fest-Flüssig-Phasengrenze
soll	Soll Wert
tan	Tangentiale Richtung

Hochgestellte Indizes

Indizes	Beschreibung
`	Bezogene Größe
+	Dimensionslose Größe

Abkürzungsverzeichnis

Abkürzung	Beschreibung
cBN	kubisches Bornitrid
DFG	Deutsche Forschungsgemeinschaft
DIN	Deutsches Institut für Normung
ECCD	Contact Discharge Dressing
Edx	Ernergiedispersive Röntgenspektroskopie
LUH	Leibniz Universität Hannover
REM	Raster Elektronen Mikroskop
SiC	Siliziumkarbid

1 Einleitung

Lösungen zur Reduzierung des CO_2-Ausstoßes im Flugverkehr zu finden und umzusetzen, steht im Mittelpunkt der aktuellen Diskussionen im Gebiet der Luft- und Raumfahrtbranche zur Thematik des Umweltbewusstseins und des Klimaschutzes. Unterstützt durch den politischen Willen erzeugt dieses Ziel einen Innovationsdruck, welcher auch in nicht unerheblichem Maße die produzierende Industrie betrifft. In diesem Kontext bieten die Riblet-Strukturen, die auf der Haut schnell schwimmender Haie zu finden sind (Bild 1.1 links), einen innovativen, viel versprechenden Ansatz, der bis zu 10% Reibungsverluste der Flugtriebwerke vermindert und somit den Wirkungsgrad der gesamten Anlage um 1% erhöhen kann (Bild 1.1 rechts) [REI85, SCH06, WAN10]. Die Herstellung von den Riblets birgt jedoch mehrere fertigungsspezifische Herausforderungen, die das Ausschöpfen dieses Steigerungspotenzials mit den derzeitig verfügbaren Technologien begrenzen.

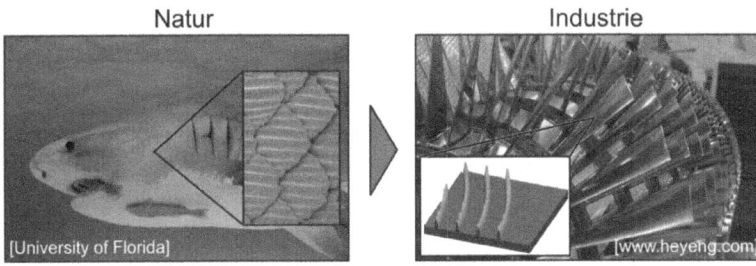

Abbildung 1.1 Riblets für Verdichterschaufeln

Aus diesem Grund wird zurzeit an der Leibniz Universität Hannover (LUH) im Rahmen eines von der Deutschen Forschungsgemeinschaft (DFG) geförderten Forschungsprojektes die Herstellbarkeit der Riblet-Strukturen auf Verdichterschaufeln durch Schleifen und Laserabtrag entwickelt. Aktuelle Ergebnisse dieses Projekt belegen, dass aufgrund geometrischer Abweichungen von den idealen trapezförmigen Riblets nur 4% Reibungsverluste reduziert werden können. Beispielhaft ist dieser Leistungsverlust bei der Schleifbearbeitung mittels strukturierter Werkzeuge zum Großteil auf prozessbedingte Profilausbrüche zurückzuführen, die vermehrt beim Schleifen kleinskaliger Riblets ab einer Profilhöhe von 10μm entstehen.

Die vorliegende Diplomarbeit soll daher dazu beitragen, das bestehende Verbesserungspotenzial des Schleifverfahrens zum Anfertigen von Riblets durch selbsthergestellte Werkzeuge zu untersuchen und auszunutzen. Wobei zum Erreichen dieses

Ziels Ansätze zur Optimierung der Schleifscheibenleistungen durch gezielte Anpassung derer Herstellprozess und Spezifikationen gesucht werden sollen.

2 Stand des Wissens

2.1 Riblets

Ein wesentlicher Untersuchungsaspekt dieses Vorhabens ist die Herstellung von Riblet-Strukturen. Daher werden im Folgenden die Definition der Riblets sowie deren Funktionsweise erarbeitet.

2.1.1 Grundlagen

<u>Fluiddynamische Grenzschicht an einer glatten Platte</u>
In der Grenzschicht einer turbulent überströmten, glatten Platte herrschen große Geschwindigkeitsschwankungen. Diese führen zur Ausbildung einer so genannten viskosen Unterschicht in der unmittelbaren Wandnähe sowie zu einer Strömungsbewegung in Form von Streifen (low-speed-streaks). Wie auf Abbildung 2.1 dargestellt wird zur Charakterisierung dieser Streifen zwischen „Sweeps" und „Ejections" differenziert. Während die „Sweeps" sich in Strömungsrichtung zur Wand orientieren, bewegen sich die „Ejections" weg von der Wand. Aus Kontinuitätsgründen verbreiten sich diese zweidimensionale Streifen in der dritten Raumrichtung und rufen dreidimensionale Strömungen mit zufallsbedingten Geschwindigkeiten hervor (Abbildung 2.1 rechts) [SEU12, MUL12, SCH06].
Die Beschreibung dieser Strömungsstreifen sowie der viskosen Unterschicht gelingt durch die Einführung folgender dimensionsloser Kenngrößen:

$$x^+ = \frac{x \times u_{\tau 0}}{\vartheta}, y^+ = \frac{y \times u_{\tau 0}}{\vartheta}, z^+ = \frac{z \times u_{\tau 0}}{\vartheta} \quad (2.1)$$

Wobei ϑ die kinematische Viskosität und $u_{\tau 0}$ die Wandschubspannungsgeschwindigkeit darstellen. Letztere lässt sich wie folgt berechnen:

$$u_{\tau 0} = \sqrt{\frac{\tau_0}{\rho}} \quad (2.2)$$

mit τ_0 die Wandschubspannung auf einer glatten Oberfläche und ρ die Fluiddichte [SCH06].
Bisher durchgeführten Studien zeigen, dass ein Geschwindigkeitsstreifen über eine dimensionslose Länge von $x^+=1000$ und eine dimensionslose Breite von $z^+=50$ verfügen kann. Des Weiteren kann eine viskose Unterschicht eine dimensionslose Höhe von $y^+=5$ erreichen [SCH06].

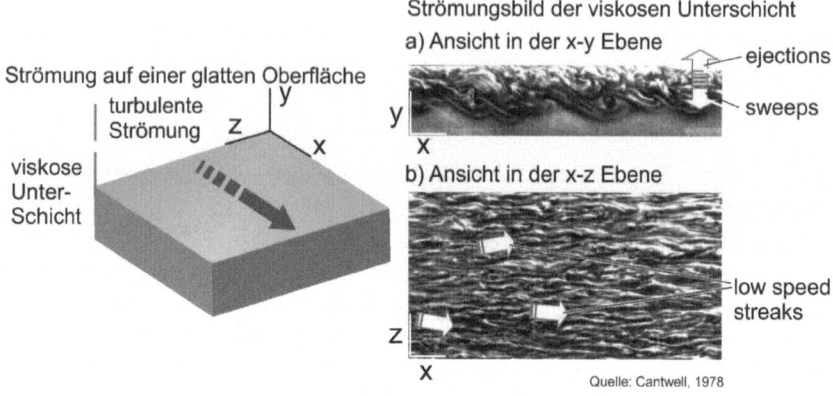

Abbildung 2.1 Mechanismen an überströmten, ebenen Platten [WAN10]

Historie und Definition

Bei der Beobachtung der Haut von schnell schwimmenden Haien, konnte der deutsche Wirbelpaläontologe Wolf-Ernst Reif Ende der siebziger Jahre Micro-Längsrillen, die sich in Strömungsrichtung orientieren, identifizieren [REI85]. Zu der gleichen Zeit wurde unabhängig von Reifs Studien am Langley Research Center der amerikanischen Raumfahrtbehörde NASA (Hampton, Virginia) Untersuchungsreihen vorangetrieben, mit dem Hintergrund Brennstoffkosten bei langen Flügen zu ersparen. Dies sollte durch feine, am Rumpf eines Flugzeugs angebrachte strömungswiderstandmindernde Strukturen, auch Riblets genannt, ermöglicht werden. Hierzu wurden im Rahmen von Voruntersuchungsreihen in einem Windkanal recht- und dreieckige bis hin zu gekrümmte Strukturen, sowohl in symmetrischer als auch in unsymmetrischer Anordnung getestet [WAL83, WAL86, WAL89].

Das Funktionsprinzip dieser untersuchten Strukturen beruhte darauf, auf die Mechanismen in der Grenzschicht einer überströmten, glatten Fläche durch gezielte geometrische Änderungen einzuwirken. Durch das Anbringen paralleler, in Strömungsrichtung verlaufender Strukturen, die in Abbildung 2.2 links zu sehen sind, wurde die Bewegung der Geschwindigkeitsstreifen in z-Richtung verhindert (Vgl. Abbildung 2.1 links) [BRU98]. Aus Kontinuitätsgründen minderten diese Strukturen das Ausbilden zweidimensionaler „sweeps" und „ejections" und demzufolge die Wandschubspannungsverluste [SCH07].

Riblets

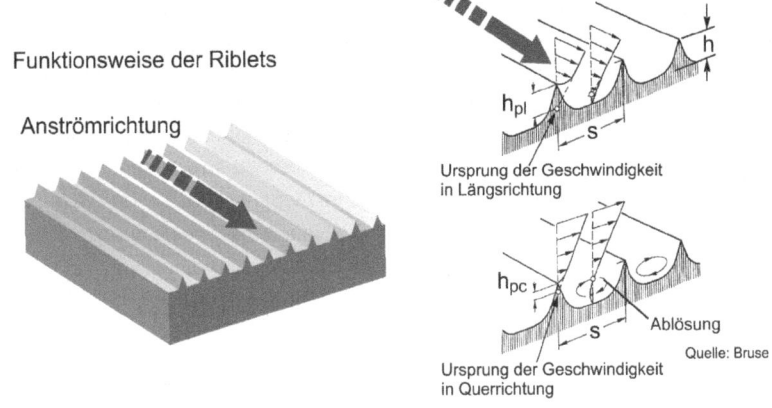

Abbildung 2.2 Funktionsprinzip von Riblets [WAN10]

Zur Beurteilung der Effizienz der Riblets η$_{Riblets}$ wurden die Wandschubspannungen auf einer glatten Oberfläche τ_0 und einer strukturierten Oberfläche τ herangezogen. η$_{Riblets}$ ließ sich wie folgt berechnen:

$$\eta_{Riblets} = \frac{\tau - \tau_0}{\tau_0} = \frac{\Delta\tau}{\tau_0}. \qquad (2.3)$$

Basierend auf den Ergebnissen vom „Langley Research Center" wurde Ende der achtziger bis etwa Mitte der letzten Dekade in diesem Bereich angestrebt, Ansätze zur Ermittlung der Riblets-Dimensionen zu etablieren sowie deren optimale Geometrie herauszufinden [BRU98, BEC 90, HAG04].

Zur Auslegung der Riblets-Dimensionen machten sich Bruse und Hage den dimensionslosen Kenngrößen Seitenabstand s⁺, Höhe h⁺ und Stegbreite t⁺ sowie Aspektverhältnis a zur Nutze. Diese Größen sind auf der Abbildung 2.2 rechts abgebildet und werden wie folgt ermittelt:

$$s^+ = \frac{s \times u_{\tau 0}}{\vartheta}, h^+ = \frac{h \times u_{\tau 0}}{\vartheta}, t^+ = \frac{t \times u_{\tau 0}}{\vartheta}, a = \frac{h^+}{s^+} = \frac{h}{s} \qquad (2.4)$$

In diesem Zusammenhang sollte der Seitenabstand s⁺ kleiner als die Breite z⁺ ausgewählt werden (s⁺< z⁺), sodass die Bewegung der Geschwindigkeitsstreifen in z-Richtung verhindert wurde. Des Weiteren sollten die Riblets in der viskosen Unterschicht eingebettet sein, um der Entstehung dieser Schichtentgegen zu wirken.

Es hatte sich während mehrerer Versuchskampagnen an unterschiedlichen Riblets-Geometrien herausgestellt, dass bei einem seitlichen dimensionslosen Abstand von $s^{+}=17$ und einem Aspektverhältnis von a=0,5 die bandförmige Riblets-Geometrie bis zu 9,9% der Reibungsverluste im wandnahen Bereich reduzieren ließ [BRU98, HAG05]. Allerdings wies diese Geometrie im Vergleich zu den anderen eine deutlich geringere Beständigkeit im Hinblick auf die mechanischen sowie thermischen Belastungen auf. Daher war sie technisch irrelevant. Im Gegenteil dazu, wies die trapezförmige Geometrie, die den Rillen auf der Haut der Haie ähnelte, eine ausreichende Robustheit auf. Diese Alternative ermöglichte bei den gleichen dimensionslosen Kenngrößen bis zu 7,8% der Reibungsverluste zu reduzieren [BRU98].

Zwischenfazit

Die hier eingeführten Grundlagen schildern die Entwicklung der aus der Bionik inspirierten Rillen auf der Haut eines Haies bis hin zu den als heute bekannten trapezförmigen Riblets. Gegenstand aktueller Untersuchungen ist das Herstellen dieser vielversprechenden Strukturen auf Verdichterschaufeln um die Reibungsverluste, die in Flug- oder in Krafttriebwerkturbinen entstehen, zu reduzieren. Hierbei liegen die Seitenabstände, je nach Strömungsbedingungen bei einem Aspektverhältnis von a= 0,5 zwischen s = 100 µm und s = 20 µm. Zunächst wird auf die Verfahren, die sich für die Herstellung von Riblets eignen, eingegangen.

2.1.2 Verfahren zur Herstellung von Riblets

Die Herstellung von Riblets im Allgemeinen und insbesondere auf Verdichterschaufeln birgt mehrere technologische Herausforderungen. Aus einer konstruktionstechnischen Hinsicht wird vorausgesetzt, dass die Strukturen den hohen thermischen und mechanischen Belastungen innerhalb des Verdichters bestehen können. Daher sind die von Walsch am Ende der Achtziger Jahre getesteten Vinyl-Trägerfolien für diese Anwendung nicht geeignet [WAL86, WAL89, OEH07]. Alternativ bietet sich die Möglichkeit die Riblets direkt auf den Schaufeln herzustellen. Dadurch gelingt es die Verschleißbedingungen zu bewältigen. Jedoch entstehen hierbei fertigungstechnische Herausforderungen. Zum einen soll die Zerspantechnologie, neben der Einhaltung von Maß- und Formgenauigkeit der Mikrostrukturen, für den Einsatz auf gekrümmten Oberflächen geeignet sein. Zum anderen soll sie eine kostengünstige Fertigung ermöglichen [WAN10].

Bei der direkten Herstellung von Riblets werden die zum Einsatz kommenden Verfahren in nicht- und in spanhebende Verfahren unterteilt [WAN10]. Unter nicht spanhebende Herstellverfahren werden beispielhaft das LIGA-Verfahren, das Mikrofunkenerosion, die Lasermaterialbearbeitung sowie das Walzverfahren klassifiziert [WAN10]. Aus der Tabelle 2.1 sind eine Gegenüberstellung der erzielbaren Abmessungen sowie die Einschränkungen dieser Verfahren zu entnehmen.

Tabelle 2.1 Gegenüberstellung nicht spanhebender Fertigungsverfahren zur Herstellung von Mikrostrukturen

Verfahren	Abmessungen		Einschränkungen	Literatur
	s_{min} [µm]	a		
LIGA	20	50	Polymeren und Metallen	VÖL06
Mikrofunkerosion	40	30	Einzelfertigung, Zeitaufwendig	UHL01
Laserbearbeitung	200	0,38	Begrenzte Abtragleistung	OEH07
Walzverfahren	200	0,38	große Dimensionen	KLO07

Unter spanhebenden Fertigungsverfahren zum Herstellen von Riblets werden das Mikrofräsen, -hobeln sowie die Mikrobearbeitung mit geometrisch unbestimmten Schneiden definiert. Die Tabelle 2.2 gibt eine Übersicht über die erzielbaren Dimensionen und über die Einschränkungen dieser Verfahren.
Zunächst ist aus den Tabellen 2.1 und 2.2 festzustellen, dass sich Mikrostrukturen durch mehrere Verfahren herstellen lassen. Jedoch entsprechen die erzielten Ergebnisse weder den technischen noch den wirtschaftlichen Erwartungen zum Herstellen von Riblets. Einerseits gelingt es durch die meisten Verfahren nicht, Seitenabstände von unter s<20µm mit einem Aspektverhältnis von a=0,5 zu bewerkstelligen (Lasermaterialbearbeitung, Walzverfahren). Anderseits eignen sich andere nicht zum Herstellen von Riblets auf gekrümmten Oberflächen (Hobeln). Darüber hinaus sind manche Verfahren für die Bearbeitung großflächiger Schaufeln wegen der zeitaufwändigen Bearbeitung und der kostenintensiven Werkzeuge nicht wirtschaftlich einsetzbar (Mikrofräsen, Laserbearbeitung).

Tabelle 2.2 Gegenüberstellung spanhebender Fertigungsverfahren zur Herstellung von Mikrostrukturen

Verfahren	Abmessungen		Einschränkungen	Literatur
	s_{min} [µm]	a		
Mikrofräsen	10	-	Werkzeugempfindlichkeit	KLO07
Mikrohobeln	5	-	Ebene Flächen	FIS00
Mikroschleifen	20	0,5	Abrichtbarkeit	WAN12

Aktuelle Studien zeigen, dass das Mikroschleifen anderen Verfahren gegenüber die erforderten Bedingungen zur wirtschaftlichen Fertigung von Riblets auf Schaufeln erfüllen [WAN10, OEH07].Aus diesem Grund werden im folgenden Abschnitt die unterschiedlichen Methoden zur Herstellung dieser Strukturen mittels des Schleifverfahrens näher betrachtet.

Schleifbearbeitung zum Herstellen von Riblets

Die schleiftechnische Herstellung von Mikrostrukturen kann durch Schleifstifte sowie ein- und mehrfachprofilierten Schleifscheiben erfolgen. Beispielhaft setzte Aurich galvanisch beschichtete Diamant-Mikroschleifstifte mit Durchmessern von 13 µm zum Herstellen von Mikro- Strukturen ein. Die Korngröße dieser Versuchswerkzeuge betrug 1-3 µm. Die hier erzielte Profilbreite entsprach 30 µm bei einer Profiltiefe von 3 µm [AUR09, AUR09a]. Da solche Werkzeuge jedoch eine kurze Standzeit aufweisen, erhöhen sich die Bearbeitungskosten bei dem Herstellen von Riblets. Folglich sind die Mikro-Schleifstifte für diese Anwendung ungeeignet.

Wenda untersuchte die Realisierbarkeit von Mikrostrukturen auf verschiedenen Werkstoffen, wie Glas, Hartmetall und Silizium, anhand von dünnwandigen, kunstharzgebundenen Diamant-Schleifscheiben, auch „Dicing Blades" genannt. Die Breite der Werkzeuge wurde zwischen 30 µm und 100 µm variiert. Um den Belastungskollektiven, die sich während des Zerspanprozesses entstanden, entgegenzuwirken, wurden diese Scheiben zwischen zwei Flansche gespannt. Anhand einer SiC-Abrichtrolle wurde ein V-förmiges Profil auf das Schleifblatt erzeugt. Die von Wenda erzielten Profilbreiten lagen mit einem Aspektverhältnis von 0,33 bei 100 µm [WEN02].

Wang untersuchte ebenfalls die Abrichtbarkeit von einfach profilierten, metallgebundenen cBN-Schleifscheiben und die Genauigkeit der damit erzeugten Riblets. Die Breite der eingesetzten Werkzeuge betrug 3 mm. Auf dem Schleifbelag wurde mit dem funkenerosiven Abrichtverfahren ein Dachprofil mit einem Winkel von 60° und einer Profilhöhe von 2,6 mm erzeugt. Die erwünschten Riblets-Dimensionen konnten durch Anpassung der Zustellung variiert werden. Es wurden während dieser Untersuchung Riblets mit einem Seitenabstand von $s=20$ µm und einem Aspektverhältnis von $a=0,5$ erfolgreich erreicht [WAN10].

Mit Hilfe moderner CNC-gesteuerten Schleifmaschinen ist es heutzutage möglich, wie auf Abbildung 2.3 (oben) dargestellt, durch den Einsatz von einfach profilierten Werkzeugen Mikrostrukturen auf gekrümmten Oberflächen herzustellen. Jedoch entstehen beim Schleifen großer Oberflächen lange Prozesszeiten, die die Wirtschaftlichkeit erheblich verringern. Als Lösungsansatz hierfür werden neulich mehrfach profilierte Schleifwerkzeuge entwickelt und optimiert [WAN10].

Zum Herstellen von Riblets anhand mehrfach profilierter Schleifscheiben hatte Wang keramisch gebundene cBN- sowie SiC-Schleifscheiben eingesetzt. Die Korngröße der untersuchten Werkzeuge wurde zwischen 9 µm und 60 µm variiert. Hierbei wurden Profile mit einem Seitenabstand zwischen s=120 und s=60 µm und einem Aspektverhältnis von a=0,5 erzeugt [WAN10].

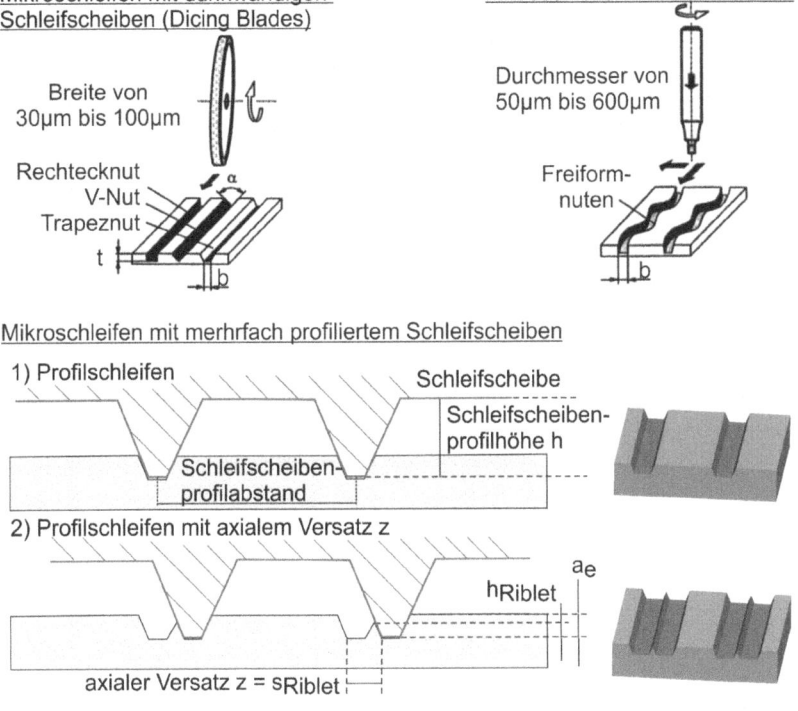

Abbildung 2.3 Schleifstrategien zur Erzeugung von Riblet-Strukturen [WAN10]

Die Abbildung 2.3 (unten) stellt das Funktionsprinzip des Schleifverfahrens mit mehrfach profiliertem Werkzeug schematisch dar. Zunächst ist zu erkennen, dass der Mindestabstand zwischen zwei Rillen auf der Schleifscheibe deutlich größer als der Abstand zwischen zwei hergestellten Riblets ist. Grund hierfür sind die Dimensionen der eingesetzten Diamantabrichtrolle, die aus fertigungstechnischen Einschränkungen nicht herabskalierbar sind. Um mit solchen Schleifwerkzeugen jedoch die erwünschten

Riblets-Dimensionen zu erzielen, hatte Wang eine Schift-Kinematik-Schleifmethode entwickelt. Hierbei wurden zwei benachbarte Rillen in zwei Schritten durch einen axialen Versatz der Schleifscheibe realisiert. Die angestrebte Riblets-Höhe wurde durch Anpassung der Zustellung bewerkstelligt [WAN10]

Zwischenfazit

Eine anforderungsgerechte Fertigungsqualität und Wirtschaftlichkeit bei der Herstellung von Riblets auf Verdichterschaufeln wird durch den Einsatz mehrfach profilierter Schleifscheiben gewährleistet. Hinzu kommt, dass am Institut für Fertigungstechnik und Werkzeugmaschinen der Leibniz Universität Hannover in diesem Bereich bereits intensiv geforscht wurde. Aus diesem Grund werden im Rahmen des nächsten Abschnitts die relevanten Prozessgrößen und die zwischen ihnen etablierten Korrelationen beim Schleifen von Riblets erarbeitet.

2.2 Ribletsherstellung mit Umfangsschleifscheiben

Zielgeometrie

Die Abbildung 2.4 (links) stellt die Spitze eines ideal scharfen Schleifscheibenprofils dar. Solche Geometrien lassen sich aufgrund der inhomogenen Zusammensetzung der Schleifscheiben praktisch nicht abbilden, wobei stets eine Profilhöhenabweichung Δh zwischen Soll- und Ist-Schleifscheibenprofil nach dem Abrichten festzustellen ist (Abbildung 2.4, mitte). Die Verrundung, die aus der Profilhöhenabweichung Δh resultiert, wird zur Nutze gemacht, um kleinskalige Riblets-Dimensionen durch Versatz der Schleifscheibe herzustellen.

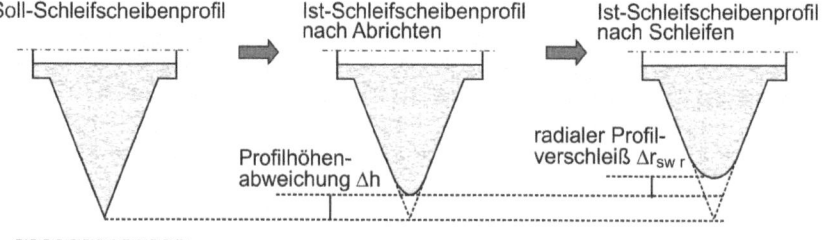

Abbildung 2.4 Soll- und Ist-Geometrie eines Schleifscheibendachprofils [WAN10]

Beim Einsatz einer abgerichteten Schleifscheibe kommt auf die Profilhöhen-abweichung Δh ein radialer Profilverschleiß $Δr_{sw,r}$ hinzu, der in einem direkten Zusammenhang mit dem Prozess- sowie Systemgrößen steht (Abbildung 2.4, rechts). Chronologisch betrachtet, kann ein anfänglich instationärer und anschließend stationärer radialer Verschleiß definiert werden. Bei dem instationären Schritt tritt hauptsächlich, wie auf Abbildung 2.5 zu sehen ist, eine Bindungsausbrechung auf, die durch eine hohe Kantenschärfigkeit hervorgerufen wird [WAN10]. Nachdem der Prozess sich stabilisiert hat und die Spanräume zugesetzt sind, sind die zu beobachtenden Ausbrüche überwiegend auf die Körner beschränkt, wobei zwischen Kornabrasion und -absplittern zu unterscheiden ist (Abbildung 2.5, rechts) [WAN10].

Einfluss der Prozess- und Systemgrößen auf die Riblet-Dimensionen

Zur Untersuchung des Einflusses der Prozessgrößen auf dem radialen Profilverschleiß wurde von Wang eine keramisch gebundene SiC-Schleifscheibe eingesetzt und sowohl die Schnittgeschwindigkeit v_c als auch die Vorschubgeschwindigkeit v_{ft} variiert. Es hatte sich hierbei gezeigt, dass bei steigender Schnittgeschwindigkeit der Schleifscheibe eine systematische Abnahme des radialen Profilverschleißes unterlag. Beispielhaft betrug der radiale Profilverschleiß mit $Δr_{sw,r}$=50 µm bei v_c= 5 m/s und nach einer Schleiflänge von L= 60 mm der fünffache Wert als bei einer Schnittgeschwindigkeit von v_c= 30 m/s. Im Gegensatz hierzu stand die Erhöhung der Vorschubgeschwindigkeit v_{ft} in einer umgekehrten Proportionalität mit dem Radialverschleiß, wobei 5 µm bzw. 25 µm Verschleiß nach einer Schleiflänge L=240 mm bei v_{ft}= 60 mm/min bzw. 1200 mm/min festgestellt werden konnten [WAN10].

Die Untersuchung der Entwicklung des radialen Profilverschleißes im Zusammenhang mit den Systemgrößen erfolgte durch Variation der Schleifscheiben Spezifikation und der Rippenspitzenwinkel α. Hieraus geht hervor, dass die Erhöhung des letzteren Einflussfaktors eine bessere Abstützung der Körner an der Profilspitze bewirkte und folglich eine bessere Profilhaltigkeit sowie einen geringeren Radialverschleiß gewährleistete. Des Weiteren wiesen alle getesteten cBN-Schleifscheiben nach gleicher Schleiflänge einen deutlich geringeren radialen Verschleiß als die SiC-Schleifscheiben auf [WAN10].

Stand des Wissens

REM-Bild des Dachprofils vor Schleifen   REM-Bild des Dachprofils nach Schleifen

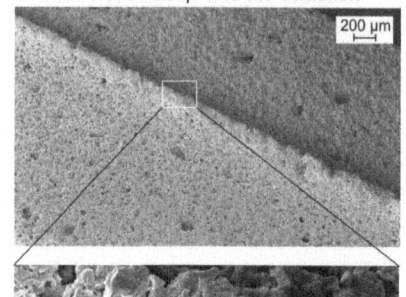
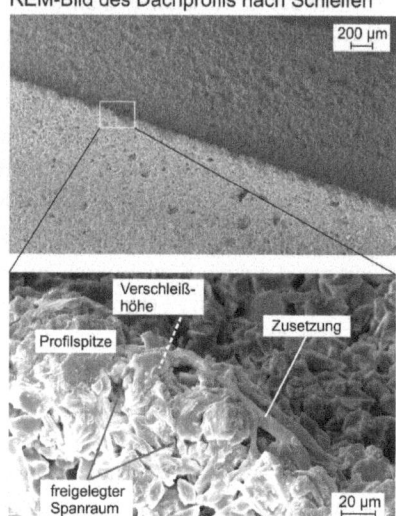

Abbildung 2.5 Profilverschleißmechanismen am Beispiel einer profilierten SiC keramisch gebundenen Schleifscheibe [WAN10]

Die Rollgratbildung

Zur Untersuchung der Entstehungsmechanismen der Grate beim Planschleifen hatte Sudermann einen Cr-Mo-legierten Vergütungsstahl eingesetzt. Es hatte sich während dieser Studie gezeigt, dass auf dem Werkstück Grate im Eintritts-, Austrittsbereich der Schleifscheibe sowie entlang der Schleifrichtung zu beobachten waren. Grundsätzlich ließ sich das Ausbilden letzterer Art durch die Entwicklung hoher Prozesstemperatur, die in direkter Korrelation mit dem Kühlschmierstofffluss in der Kontaktzone stand, erklären [SUD10].

Geometrisch bedingt sind die Spalten zwischen Werkstück und Schleifscheibe beim Schleifen von Riblet-Strukturen sehr schmal. Folglich erschwert sich dort die Zufuhr einer ausreichenden Menge an Kühlschmierstoff, wodurch eine hohe thermische Belastung in der Kontaktzone resultiert. Analog zum Planschleifprozess kommt es beim Riblet-Schleifen durch die hohe Prozesstemperatur zur Ausbildung sogenannter Rollgrate [WAN10, DEN10]. Die Abbildung 2.6 (links, unten) veranschaulicht eine im Kunstharz eingebettete und anschließend polierte Probe, die mit Hilfe einer keramisch gebundenen Schleifscheibe strukturiert wurde. Hierbei sind an den Spitzen der her-

gestellten Riblets lange, verwickelte Grate zu erkennen. Zur deren Charakterisierung wurden von Wang die Kenngrößen Gratfußbreite b_f, abgewickelte Gratlänge b_l, Rollgrathöhe b_{hr} und Rollgratbreite b_{lr}, die auf der Abbildung 2.6 (rechts) dargestellt sind, eingeführt. [WAN10, DEN10].
Beim Riblets-Schleifen auf dem für Verdichterschaufeln typischen Stahlwerkstoff X20Cr13 konnten die Dimensionen der Rollgrate durch Variation der Prozessparameter sowie Schleifscheibenspezifikation vermindert werden [WAN10]. Bei einer Profilüberlappungshöhe von $h_e=0$ konnte die Entstehung der Grate verhindert werden. Jedoch war diese Voraussetzung beim Strukturieren von großen Oberflächen wegen des Profilspitzenverschleißes technisch unrealisierbar. Aus diesem Grund wurde zur Herstellung idealer Riblets ein Ausfeuerprozess im Anschluss zum Schleifprozess durchgeführt. Hierbei erfolgte das Abtrennen der Grate durch eine Wiederholung der Riblet-Schleifprozess ohne Erhöhung der Zustellung [WAN10, DEN10].

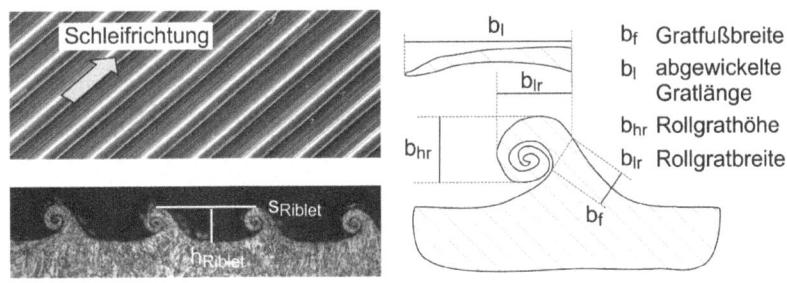

Abbildung 2.6 Gratbildung beim Riblet-Schleifen [WAN10]

Riblet-Schleifen mit einfach profilierter metallisch gebundener Schleifscheibe
Wie bereits in Abschnitt 2.1.2 erwähnt, wurde von Wang eine einfach profilierte metallisch gebundene Schleifscheibe zum Herstellen von Riblet-Strukturen eingesetzt. Dieses Werkzeug wurde mittels des ECCD-Verfahrens abgerichtet. Auf Grund ihrer hohen Festigkeit im Vergleich zu anderen Bindungssystemen wies die metallische Bindung bis zu einer Schleiflänge von l=3 m mit $\Delta r_{sw,r}=3\mu m$ den niedrigsten radialen Profilhöhenverschleiß auf [WAN10].
Während des Einsatzes dieser Bindung wurde festgestellt, dass starke Materialrandwürfe auftraten. Diese führten dazu, dass das auf dem Werkstück abgebildete Profilaspektverhältnis deutlich geringer als der erwartete Wert war (a=0,15 statt a=0,4). Die Ursache hierfür ließ sich auf die Materialabtrennmechanismen

zurückführen. Bei der Betrachtung der Raster-Elektronen-Mikroskop-Aufnahme (REM-Aufnahme) der Schleifscheibe nach dem Einsatz, fiel Wang auf, dass bedingt durch den Abrichtprozess eine Bindungsschmelze in hohem Maße entstand. Diese Schmelze umhüllte die Schleifkörner, deren Spitzen nach dem Einsatz abgeflacht waren. So ließ sich ableiten, dass das Materialzerspanen mit dieser Scheibe nicht ausschließlich durch die Schleifkörner geschah, sondern zusätzlich durch die Reibung der Bindung auf das Werkstück gestützt war. Dabei kam es zu einem starken Mikropflügen und Mikrofurchen, welche plastische Verformung und Querfließen verursachten [WAN10]. Darüber hinaus folgte aus dieser plastischen Verformung, unter Wirkung der Prozessnormalkraft, eine elastische Rückfederung, die die Profilabweichung zwischen Schleifscheibe und Werkstück verursachte [WAN10].

Zwischenfazit

Zum Schleifen von Riblet-Strukturen haben sich bisher zwei Bindungssysteme etabliert. Anhand einer mehrfach profilierten, keramisch gebundenen Schleifscheibe können mehrere Profile in einem Überschliff hergestellt werden. Somit wird die Wirtschaftlichkeit des Prozesses aufgrund der hohen Materialabtragrate gewährleistet. Jedoch kann bei einem Seitenabstand von s_{Riblet}=20µm ein Aspektverhältnis von höchstens a_{Riblet}=0,05 erreicht werden [WAN10]. Dieser Leistungsverlust ist im Vordergrund auf die brüchige Eigenschaft dieser Bindung und die daraus resultierenden fehlenden Profilierbarkeit zurückzuführen. Im Gegensatz dazu, besteht die Möglichkeit, durch Einsatz einer einfach profilierten metallisch gebundenen Schleifscheibe, bei dem gleichen Seitenabstand Riblets mit einem Aspektverhältnis von bis zu a_{Riblet}= 0,3 zu bewerkstelligen [WAN10]. Allerdings bleibt bisher eine Forschungslücke bei der mehrfachen Strukturierung dieses Bindungstyps bestehen, was den Einsatz der metallischen Bindung mit derzeitigem Stand der Technik der geforderten Wirtschaftlichkeit nicht gerecht wird.

Aus den oben genannten Gründen und dem vielversprechenden Herabskalierungspotenzial, der mit metallischer Bindung hergestellten Riblets, wird sich im Rahmen dieses Vorhabens mit der mehrfachen Profilierung von metallisch gebundenen cBN-Schleifscheiben befassen.

Des Weiteren ist das Herstellen von metallisch gebundenen Schleifscheiben ein neulich etabliertes Forschungsgebiet am Institut für Fertigungstechnik und Werkzeugmaschinen der Leibniz Universität Hannover. Bei der Profilierung und dem Einsatz von selbsthergestellten Schleifscheiben besteht ein großer Vorteil darin, die Einflüsse des Herstellprozesses auf den Schleifprozess zu betrachten. Daher werden im Zuge dieser Diplomarbeit die Werkzeuge selbst hergestellt.

Im nachfolgenden Abschnitt wird auf die Zusammensetzung der metallisch gebundenen Schleifscheiben sowie auf die Eigenschaften ihrer Bestandteile eingegangen. Anschließend werden Grundlagen zu dem Herstellungsprozess erarbeitet.

2.3 Metallisch gebundene cBN-Schleifscheiben

2.3.1 Zusammensetzung

Die zu untersuchenden Werkzeuge setzen sich aus dem Schleifbelag, der aus der Bindung, dem Schleifkorn kubisches Bornitrid (cBN), dem Sekundärkorn Siliziumkarbid (SiC) und den Porenräume besteht, sowie aus dem Grundkörper zusammen. Die Volumenanteile der Belagkomponenten können beliebig variiert werden. Allerdings sind die Porenräume in diesen Schleifscheiben aus herstellungsspezifischen Gründen sehr gering bis fehlend.

Dem nachfolgenden Abschnitt widmet sich die Erarbeitung der wichtigsten Eigenschaften der metallischen Bindung und des Schleifkorns.

Metallische Bindung

Wie der Name bereits sagt bestehen die Bindungen dieses Typs aus metallischen Werkstoffen. Es kommen überwiegend Bronzebindungen oder seltener auch Stahl und Hartmetallbindungen zum Einsatz, die bei 700 bis 900 °C unter Druck durch Pressen und Sintern hergestellt werden [DEN10a]. Dieser Bindungstyp bindet das Korn besonders intensiv ein, wodurch sich im Vergleich zu anderen Bindungen längere Standzeiten ergeben [KLO05]. Besonders gegenüber kleinen Spänen, die bei kurzspanenden Werkstoffen auftreten, weist diese Bindung einen hohen abrasiven Verschleißwiderstand auf. Daher eignet sie sich besonders für Werkstoffe, die darauf stark verschleißend wirken, wie z.B. Gläser, Keramiken oder Hartmetalle [KLO05]. Schleifscheiben mit Sinterbindungen schleifen im Allgemeinen stumpfer und somit unter Entwicklung größerer Schleifwärme als kunstharzgebundene Schleifscheiben [DEN12]. Allerdings besitzen sie auch eine gute Wärmeleitfähigkeit ($\sim 58 \frac{W}{m.K}$). Nachteilig bei Metallbindungen ist jedoch die schwierige Abrichtbarkeit [DEN12].

cBN-Schleifkorn

Kubisch kristallines Bornitrid gehört zu den superabrasiven Schleifmitteln. Es besitzt eine Knoop-Härte von etwa 4700 und ist damit das zweit härteste Schleifmittel nach Diamant. Im Vergleich zu Diamant besitzt Bornitrid eine deutlich überlegene Temperaturbeständigkeit und bleibt in sauerstoffhaltiger Atmosphäre bis etwa 1700 K stabil. Dies liegt darin begründet, dass sich eine schützende Boroxidschicht bildet, die das Korn umschließt und vor Zersetzung schützt. Allerdings löst sich Bornitrid in

Wasser, weshalb Mineralöle oder synthetische Kühlschmierstoffe als Kühlmittel zu bevorzugen sind [PAU08; KLO05]. Im Gegensatz zu Diamant geht Bornitrid keine chemischen Reaktionen mit Eisenwerkstoffen ein und ist daher besonders gut für die Bearbeitung von gehärteten Stählen geeignet. Durch den wesentlich geringeren Verschleiß gegenüber konventionellen Kornwerkstoffen kann mit cBN in der Regel eine bessere Maß- und Formgenauigkeit erreicht werden. Zusätzlich schleift cBN aufgrund seiner guten Wärmeleitfähigkeit vergleichsweise kühl und bewirkt damit nur eine geringere Beeinflussung des Randzonengefüges [KLO05].

2.3.2 Sintern von metallisch gebundenen Schleifscheiben

Die Herstellung einer metallisch gebundenen Schleifscheibe erfolgt aus einer chronologischen Hinsicht in drei Schritten. In dem ersten Schritt wird eine Mischung aus den Belagkomponenten vorbereitet und in einer Matrize um den Grundkörper herum vorgepresst. Anschließend wird der Zusammenbau aus Matrize, Grundkörper und Komponentenmischung gesintert. Zuletzt erfolgen die Ausformung und die Nachbehandlung der Schleifscheibe.

Aufgrund seiner großen Bedeutung bei der Beeinflussung der topographischen und mechanischen Eigenschaften des Schleifbelags, wird nachfolgend der Sintervorgang definiert und seine Treibkraft erläutert. Darüber hinaus wird auf die Stadien während dieses Prozesses eingegangen. Anschließend werden die Einflussfaktoren auf das Verdichtungsgeschehen bei dem Sintern erarbeitet.

Definition

Sintern ist ein Fertigungsverfahren, das nach DIN 8550 zu der Hauptgruppe Urformen gehört. Es handelt sich hierbei um einen Wärmebehandlungsverfahren, bei dem aus Ein- oder Mehrkomponenten-Pulvermischungen ein zusammenhaltendes Bauteil hergestellt werden kann [SCH07]. Zum Sintern von Pulvermischungen, die keine Löslichkeit für einander aufweisen, wird ein Bindemittel benötigt, das die Pulverteilchen mit einander vernetzt. Das Bindemittel wird meistens durch Erhitzen auf die sogenannte Sintertemperatur erschmelzt [SCH92]. Um jedoch eine Vorschädigung der Pulverteilchen bei der Sintertemperatur zu vermeiden, soll sie um den Schmelzpunkt der Bindung und weit unter den Schmelzpunkten der Teilchen ausgewählt werden [DEN12]. Die chemischen Reaktionen mit der umgebenden Atmosphäre, wie Oxidation, Reduktion oder Entkohlung, die die Mischungskomponenten bei den hohen Temperaturen einzugehen vermögen, werden dadurch vermieden, indem der Vorgang unter einer Schutzatmosphäre durchgeführt wird. Beispielhaft kommt reine Wasserstoffatmosphäre bei dem Herstellen von Kupfer- und Bronzebasierten Bauteilen zum Einsatz [SCH92]. In den meistverbreiteten Anwendungen wird das Sintervorgang mit einem gleich-zeitigen Ausüben einer Druckkraft gekoppelt. Diese Kombination wird als Heißpressen bezeichnet und findet neben mehreren Einsatzgebieten bei der Herstellung von Schleifscheiben Verwendung.

Treibkraft bei dem Sintern
Die Rohstoffmischung besitzt anfänglich einen Porenraum und demzufolge eine große Oberfläche bzw. große freie Oberflächenenergie. Dieses hohe Energieniveau entspricht einer hohen freien Enthalpie, die zum treibenden Effekt beim Sintern führt [SCH92]. Dadurch, dass die einzelnen Komponenten während des Sinterns zusammen-gepresst werden, werden die freien Oberflächen teilweise oder vollständig vernichtet. So wechselt die Mischung zu einem niedrigeren Energieniveau. Die hierbei frei werdende Energie je Flächeneinheit $A_{\gamma Fl}$ wird nach Dupré wie folgt definiert:

$$A_{\gamma Fl} = \gamma_S + \gamma_L - \gamma_{SL} \quad (2.5)$$

Wobei γ_S, γ_L und γ_{SL} jeweils die Oberflächenspannung der festen Phase, die der flüssigen und die der Fest-Flüssig-Phasengrenze darstellen. Damit sich ein Kontakt zwischen die Festphasenpartikel ausbildet, muss die Energie $A_{\gamma Fl}$ positiv sein. Aus dieser Anforderung lässt sich folgende Ungleichung ableiten:

$$\gamma_S + \gamma_L > \gamma_{SL} \quad (2.6)$$

Stadien beim Sintern
Der Sintervorgang kann in die nicht-isotherme Aufheizphase auf die Sintertemperatur, in die isotherme Verweilphase bei der Sintertemperatur und in die relativ langsame oder beschleunigte Abkühlungsphase auf die Raumtemperatur unterteilt werden [SCH07].
Die nicht-isotherme Aufheizphase ist nach dem Heavy-Alloy-Mechanismus durch einen Teilchenumordnungsprozess gekennzeichnet. Während dieser Phase wird eine rasche Zunahme der Dichte infolge eines gegenseitigen Abgleitens von Festphasenteilchen auf den sie umgebenden Schmelzhäuten beobachtet [SCH92]
Während der isothermen Verweilphase tritt eine weitere aber nicht mehr so schnelle Verdichtung auf. Die hierbei entstandene Verdichtung ist laut Schatt auf einem gerichteten Transport von Festphasensubstanz in der Schmelze sowie Gefügevergröberung zurückzuführen. Das letztere Phänomen wird von dem Auflösungs- und Wiederausscheidungsprozeß der Pulverteilchen hervorgerufen [SCH92].
Die Abkühlphase wird mit einer langsamen Endverdichtung ohne Beteiligung der

Schmelze begleitet. Da in dieser Phase eine Verdichtung ohne Anwesenheit einer Schmelze erfolgt, wird hier von einem Festphasensintern gesprochen [SCH92, SCH07].

Einflussfaktoren auf das Verdichtungsgeschehen

Randwinkel ω

Zur Qualifizierung der Benetzbarkeit von den Festphasenpartikeln durch die Flüssigphasenpartikel wurde von Schatt der Randwinkel ω eingeführt. Die Größe dieses Winkels hängt von den zu sinternden Werkstoffen sowie den Sinterbedingungen ab. Wie auf Abbildung 2.7 dargestellt, bildet sich der Randwinkel zwischen dem repräsentativen Spannungsvektor von der Fest-Flüssig-Phase und dem der Flüssig-Phase. Außerdem zeigt diese Abbildung, dass bei der Benetzung von Wolfram-Festphasenpartikeln durch Kupfer-Flüssigphasenpartikel kleinere Rand-winkel zu einer besseren Benetzung führen [SCH92].

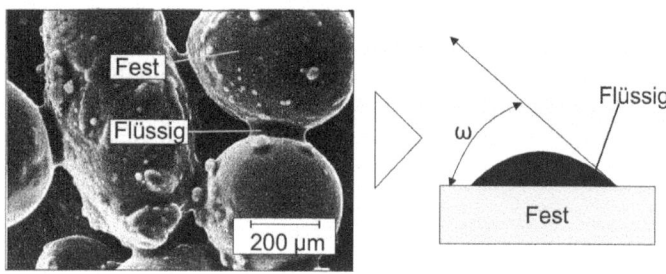

Abbildung 2.7 Beeinflussung der Benetzung durch den Randwinkel [SCH92]

Anziehungskraft F_B

Beim Auftreten einer flüssigen Phase entstehen Schmelzbrücken, die, um die Festphasenpartikel zusammen zu fügen, eine Anziehungskraft F_B auf diese ausüben. Die Kraft F_B lässt sich wie folgt berechnen:

$$F_B = 2r\pi\gamma_L \cos\theta + r^2\pi p \qquad (2.7)$$

Die hier verwendeten Terme sind der Abbildung 2.8 zu entnehmen. Die Kraft F_B besteht aus einem Term, der die Oberflächenspannung, die entlang der Berührungslinie $2r\,\pi$ wirkt und einem Term der die Kapillarspannung, die an der gekrümmten Flüssigkeitsbrücke angreift, beinhaltet. Wie auf Abbildung 2.8 zu sehen ist, bewirkt eine positive Anziehungskraft F_B eine Schwindung der Kontaktbrücke zwei benachbarten Festphasenpartikeln. Dahingegen bildet sich bei negativen F_B-Werten eine geschwellte Kontaktbrücke [SCH92].

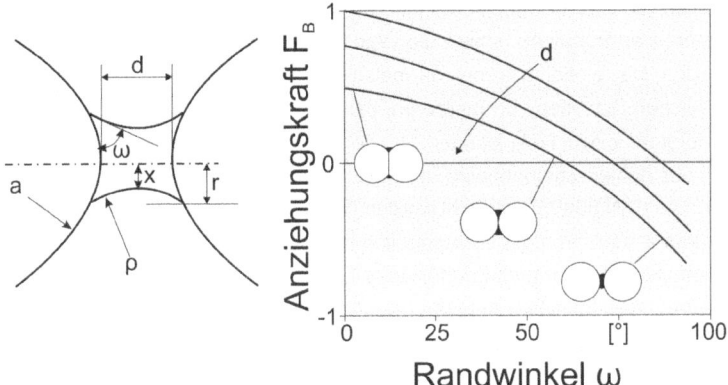

Randwinkel ω

Abbildung 2.8 Beeinflussung der Kontaktbrücken durch die Anziehungskraft F_B [SCH92]

Teilchenumordnung
Für die Erzielung hoher Dichten beim Sintern unter Anwesenheit einer flüssigen Phase ist die Teilchenumordnung von großer Bedeutung. Diese geschieht, indem an bestimmten Stellen des Pulverhaufwerkes Festphasenmaterie aufgelöst, in der Schmelze abtransportiert und an anderen Orten wieder abgeschieden werden. Die dadurch erzielte Verdichtung ist mit der Entstehung eines typischen Gefüges verknüpft, in dem die Oberflächen der Teilchen neben abgeflachten Kontaktflächen abgerundete Formen oder bei stärker ausgeprägter Abhängigkeit der Grenzflächenspannung γ_{SL} von der kristallographischen Orientierung Gleichgewichtsformflächen ausbilden

Laut der Abbildung 2.9 erfolgt der Teilchenumordnungsvorgang in 4 Stadien. Anfangs werden unter Einwirkung der Kapillarkräfte, die durch die Poren verursacht sind, die Schmelzbrücken ausgerissen. Mit der Zeit werden weitere Festphasenpartikel in die Schmelze gezogen. Somit entstehen schmelzphasenangereicherte Agglomerate von Teilchen, die durch einen hohen Anteil von Poren umhüllt sind (Abbildung 2.9, b)). In einem weiteren Schritt werden die kleinen Poren aufgrund der Kapillarkräfte vernichtet und die Agglomerate herangezogen.

Zwischenfazit
Anhand der in diesem Unterkapitel durchgeführten Literaturanalyse werden die Eigenschaften der metallischen Bindung und des Schleifkorns erarbeitet. Darüber hinaus wird der Sinterprozess, der zur Herstellung der metallisch gebundenen Schleifscheiben eingesetzt wird, sowie die dabei auftretenden Geschehnisse definiert.

Um die positiven Eigenschaften der metallischen Bindung bei der Anfertigung von Riblet-Strukturen auszunutzen, sollen die Werkzeuge zunächst entsprechend konditioniert werden. Das Konditionieren von metallisch gebundenen cBN-Werkzeugen zum wirtschaftlichen Schleifen von mehreren, parallelen Riblet-Strukturen in einem Überschliff erfolgt über zwei Hauptstadien. Um den Rundlauf und die Zylindrizität zu erzeugen, soll der Schleifscheibenbelag mit Hilfe eines mechanischen Abrichtverfahren in die Form 1A1 (DIN 69805) gebracht werden. Typischerweise werden für diesen Zweck bahngesteuerte Verfahren mit Diamantrollen oder -stiften verwendet. Die Bearbeitung erfolgt hierbei entweder trocken oder unter Einsatz von Kühlschmiermittel. Anschließend zu dem mechanischen Abrichten werden zum Herstellen der Riblet-Geometrien typischerweise unkonventionelle Verfahren eingesetzt. Zu diesen Verfahren zählt neben den funkenerosiven Abrichten und elektrochemischen Abrichten das kontakterosive Abrichten (Electro Contact Discharge Dressing (ECCD). Da im Rahmen dieser Arbeit das letztere Verfahren eingesetzt wird, wird im folgenden Abschnitt auf sein Funktionsprinzip sowie auf die Zusammenhänge zwischen den Stellgrößen des ECCD-Abrichtens und die erzeugten Strukturen auf dem Schleifbelag eingegangen.

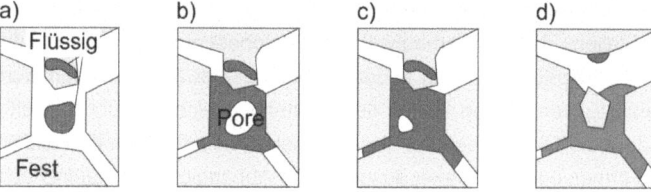

Abbildung 2.9 Schematische Darstellung des Teilchenumordnungsprozesses [SCH92]

2.4 ECCD-Abrichten metallischer Schleifscheiben

2.4.1 Funktionsprinzip und Profilentstehungsmechanismen

Durch den Einsatz des ECCD-Verfahrens wird auf die Schleifscheibenbindung gewirkt, die durch ein gesteuertes Freisetzten hoher thermischer Energie schmilzt und somit beliebig strukturiert werden kann. Diese thermische Energie resultiert aus einer Entladung innerhalb eines Stromkreises, der aus einer Elektrode aus Graphit, Messing oder Kupfer, einem stromleitenden Schleifscheibenbelag- und Grundkörper sowie einer konstanten Spannungsquelle besteht [WAN10, HAH12]. Die Abbildung 2.10 zeigt den Zusammenbau dieser Einrichtung. Des Weiteren sind auf dieser Abbildung die Wirkmechanismen zum Abrichten mittels des ECCD-Verfahrens schematisch dargestellt.

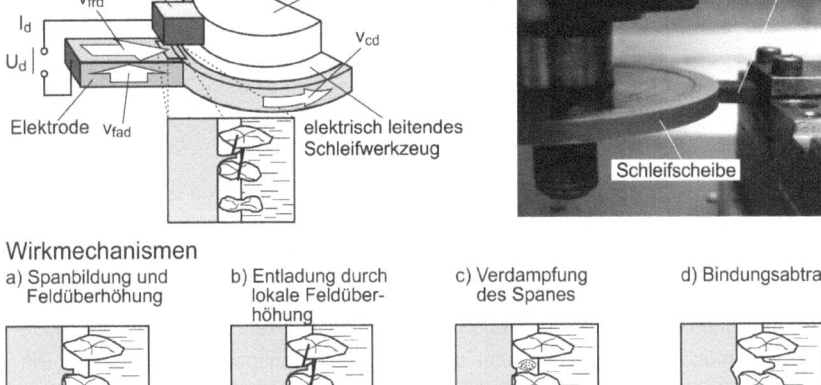

Abbildung 2.10 Wirkprinzip des kontakterosiven Abrichtens [HAH12]

Da in der Regel die Schleifkörner aus der Bindung herausragen, entsteht durch das Positionieren der Elektrode auf dem Schleifscheibenbelag ein Spalt. Im ersten Schritt wird durch die relative Bewegung der sich in Kontakt befindenden Wirkpartner ein Elektrodenmaterialabtrag durch die Körner hervorgerufen (Abbildung 2.10 a)). Ab diesem Zeitpunkt löst sich aufgrund der Nicht-Leitfähigkeit der Schleifkörner, eine von der Spanlänge abhängige, kontinuierliche Erhöhung des elektrischen Feldes aus. Je nach Arbeitsmedium wird diese Feldüberhöhung bei einer bestimmten Stärke durch einen Funken überwunden, sodass die Temperatur sich drastisch erhöht (Abbildung 2.10 b)). Folglich bildet sich im Spalt zwischen Bindung und Elektrodenoberfläche einen Plasmakanal aus (Abbildung 2.10 c)), der die Aufschmelzung der Bindung verursacht (Abbildung 2.10 d)). Bedingt durch die zentrifugalen Kräfte, die aus der Rotationbewegung der Schleifscheibe entstehen, wird das abgetragene Bindungsmaterial aus dem Belag geschleudert [HAH12, WAN10].

2.4.2 Prozesskinematik zur Mehrfachprofilierung

Zur Erzeugung der negativen Riblet-Geometrien auf einem anfänglich geraden Schleifscheibenbelag wird eine dünne Drahtelektrode mit einer Zustellung f_d auf dem Werkzeug positioniert. Abhängig von den erwünschten Profilspitzenwinkel α und

Profilhöhe h_{Riblet} wird die Elektrode mit einer zum Schleifbelag diagonalen Vorschubgeschwindigkeit v_{fd} entsprechend verfahren. Diese Kombination aus der Zustell- und diagonal Verfahrbewegung wird mehrmals durchgeführt, bis die Zielgeometrie der Mikrostruktur erreicht wird. Das mehrfache Profilieren erfolgt durch einen axialen Versatz ΔZ der Drahtelektrode und Wiederholen der zuvor beschriebenen Schritte.

2.4.3 Einflussgrößen beim ECCD-Abrichten

Zunächst werden die Einflussgrößen beim ECCD-Abrichtverfahren in Stell- und Systemgrößen unterteilt. Als Stellgrößen werden die Leerlaufspannung U_{d0}, der Kurzschlussstrom I_{d0}, die Zustellung f_d, die Vorschubgeschwindigkeit v_{fd} und der Drahtversatz ΔZ gekennzeichnet. Unter Systemgrößen können die schleifscheiben- und die drahtelektrodenseitigen Spezifikationen definiert werden. Während sich bei den bisherigen Untersuchungen zum Einfluss der Schleifscheibenspezifikation mit der Bindungshärte und der Korngröße befasst wurde, werden als elektrodenseitige Systemgrößen der Werkstoff und die Dimensionen betrachtet.

Von großer Bedeutung bei dem Erforschen des Einflusses der genannten Stell- sowie Systemgrößen sind die Ausgangsgrößen Schleifscheibentopographie, die Profiltiefe t_p, die Profilbreite b_p, der Profilflankenwinkel α_p, die Profilhöhenabweichung Δ_h und die Stegbreite b_{Steg} (Abbildung 2.11).

Der nachfolgende Schritt widmet sich der Einwirkung der einzelnen Stell- und Systemgrößen auf die Ausgangsgrößen. Dabei werden hauptsächlich die Untersuchungen von Hahmann zur Herstellung von Micro-Nutenstrukturen und die Arbeit von Wang, der sich mit der Fertigung von Riblets befasst hat, betrachtet [WAN10, HAH12]. Im Zuge dieser beiden Studien wurden metallisch gebundene Schleifscheiben mit dem ECCD-Verfahren abgerichtet und anschließend eingesetzt.

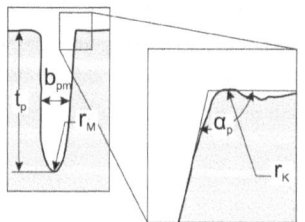

Legende:
b_{pm} : Profilbreite
t_p : Profiltiefe
α_p : Profilflankenwinkel
r_M : Profilflankenmittenradius
r_K : Profilkantenradius

Abbildung 2.11 Bemaßungen eines Nutprofils [HAH12]

Stellgrößen

Bisherige Untersuchungen über den Einfluss der Spannung U_{d0} und der Stromgrenze I_{d0} belegten, dass die idealen Parameter beim Abrichten mit einer Graphitelektrode bei $U_{d0}=7,5$ V und $I_{d0}=1$ A und beim Abrichten mit einer Kupferelektrode bei $U_{d0}=7,5$ V und $I_{d0}=0,1$ A liegen [WAN10, HAH12]. Zur Auswertung des Einflusses dieser Größen werden die erzeugte Schleifscheibentopographie und die auf dem Schleifbelag hergestellten Strukturdimensionen analysiert.

Die Abbildung 2.12 stellt die REM-Aufnahmen von Schleifscheiben, die unter variierenden Abrichtspannung und -strom kontakterosiv mit einer Kupferelektrode abgerichtet wurden. Festzustellen war zunächst, dass bei den oben genannten idealen Parametern gleichmäßig freigesetzte Schleifkörner vorlagen. Darüber hinaus bestand die Bindung aus einem homogenen Gefüge. Die Erhöhung der Abrichtspannung auf $U_{d0}=15$ V führte zu herausragenden, wiedererstarrten Bindungsstrukturen sowie einer Vielzahl von Poren, die auf einer erhöhten thermischen Einwirkung und einer möglichen Beschädigung der Randzone hindeuteten (Abbildung 2.12, rechts). Die Reduzierung der Spannung auf $U_{d0}=5$ V führte dagegen zu einer teilweisen Aufschmelzung der Bindung, zu einem unzureichenden Kornüberstand und zu verbleibenden Schleifspuren (Abbildung 2.12 links) [HAH12].

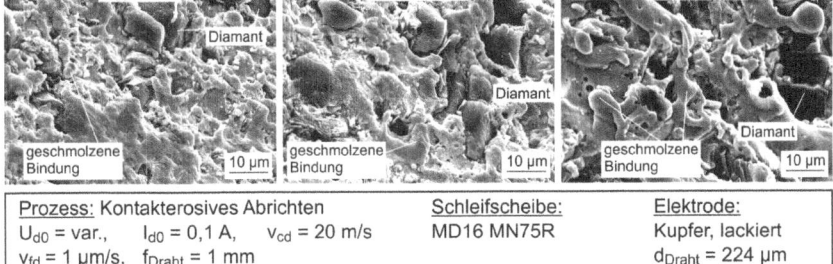

Prozess: Kontakterosives Abrichten	Schleifscheibe:	Elektrode:
U_{d0} = var., I_{d0} = 0,1 A, v_{cd} = 20 m/s	MD16 MN75R	Kupfer, lackiert
v_{fd} = 1 µm/s, f_{Draht} = 1 mm		d_{Draht} = 224 µm

Abbildung 2.12 Topographien nach dem ECCD-Abrichten [HAH12]

Auf den bisher beschriebenen Einflüssen der Abrichtstrom und -spannung basierend wurde das kontakterosive Abrichtverfahren, analog zu den konventionellen Verfahren, in einem Profilier- und einem Schärfprozess unterteilt [WAN10]. Die ideale Abrichtspannung und –stromgrenze bewirkten einerseits ein systematischer Angriff auf die makroskopische Geometrie der Schleifscheibe. Durch die Reduzierung dieser beiden Parameter wurde andererseits eine Einwirkung auf die mikroskopische Topographie der Schleifscheibe festgestellt. Dies ließ sich dadurch erklären, dass sich als Folge der geringen freigesetzten thermischen Energie der Bindungsabtrag auf die Schleifkornflanken beschränkte. Demzufolge erhöhte sich der Kornüberstand [WAN10]. Zum Erforschen des Einflusses der Abrichtspannung und des Grenzstroms auf die erzeugten Schleifscheibenstrukturen wurden von Hahmann die geometrischen Kenngrößen der Nutenstrukturen, die in Abbildung 2.11 dargestellt sind, betrachtet [HAH12]. Beispielhaft wurden mit Hilfe einer Spannung von U_{d0}=20 V und einem Strom von I_{d0}=0,2 A die tiefsten Nuten erzeugt [HAH12]. Ferner konnte einen Zusammenhang zwischen diesen Prozessparametern und der Profilflankenwinkel $α_p$ etabliert werden, wobei ein Winkel von $α_p$=50° bei den zuvor genannten Größen hergestellt werden konnte. Eine Verringerung der Intensität der Spannung bzw. des Stroms führte dazu, geringere Profiltiefen t_p zu erzeugen. Demzufolge gingen die Profilkanten und die Schleifscheibenoberfläche fließend in einander über um flachere Flankenwinkel zu bilden.

Im Rahmen weiterer Untersuchungen variierte Hahmann die Elektrodenvorschubgeschwindigkeit v_{fd} und die Elektrodenzustellung f_d bei dem ECCD-Abrichten und betrachtete die erzeugten Strukturdimensionen. In diesem Zusammenhang hatte sich bei der Erhöhung der Elektrodenvorschubgeschwindigkeit v_{fd} herausgestellt, dass die Profiltiefe t_p sich verringerte und die Profilkanten kleiner wurden. Beispielhaft sank die Profiltiefe von t_p=200 µm auf t_p=20 µm bei Erhöhung des Vorschubs von v_{fd}=1 µm/s auf v_{fd}=10 µm/s. Des Weiteren sank der Flankenwinkel von $α_p$=60° auf $α_p$=12° bei der selbigen Variation [HAH12].

Im Gegensatz zu der Vorschubgeschwindigkeit v_{fd} bewirkte eine Erhöhung des Elektrodenzustellbetrags f_d=1 mm auf f_d=6 mm die Steigerung der Profilflankenwinkel von $α_p$=15° auf $α_p$=74°. Außerdem stieg durch diese Erhöhung die Profiltiefe von t_p=30µm auf t_p=500µm [HAH12].

Zur Ermittlung der minimal erreichbaren Stegbreite b_{Steg} zwischen zwei benachbarten Nuten wurde der Drahtversatz ΔZ stufenweise variiert. Die theoretische Stegbreite b_{Steg} entsprach dem Drahtversatz ΔZ. Eine minimale Breite von b_{Steg}=111 µm konnte bei der theoretischen Stegbreite ΔZ=126 µm gemessen werden. Bei einer theoretischen Breite von ΔZ=76 µm konnten hingegen keine messbaren Profile abgebildet werden [HAH12].

Durch die Reduzierung der Stegbreite kam es zu einer Profilspitzen Verrundung, die zu einer Profilhöhenabweichung Δh führte. Diese wird durch die Differenz zwischen den Profilspitzen und der Schleifscheibenumfang definiert. Voraussetzung zum Schleifen gleichartiger Mikrostrukturen war, dass die Höhenabweichung aller erzeugten Profile gleich zu sein haben muss. In diesem Zusammenhang hatte sich gezeigt, dass ab einer Stegbreite von weniger als 200 µm Profilkantenradien an den Spitzen entstehen, die zu beliebigen Höhenabweichungen führten [HAH12].

Systemgrößen

Zur Untersuchung der Einwirkung der Systemgrößen auf die hergestellten Micro-Nutenstrukturen wurden von Hahmann das Elektrodenmaterial und der Elektrodendurchmesser sowie die Korngröße und die Bindungsspezifikation variiert.

Als Elektrodenmaterial setzte Hahmann eine lackierte Elektrode aus Kupfer mit einem Durchmesser von D=224µm und eine blanke Messingelektrode mit einem Durchmesser von D=250µm ein. Die Gegenüberstellung der mit Hilfe dieser Elektroden erzeugten Nuten zeigte, dass sich unter einer Abrichtspannung von U_{d0}=20 V und einer Stromgrenze von I_{d0}=0,2 A die Kupferelektrode mit $α_p$=57° einen um 40° größeren Profilflankenwinkel als die Messingelektrode herstellen ließ. Ferner konnten mit der Kupferelektrode mit t_p=160 µm doppelt so tiefe Profile als mit der Messingelektrode erzeugt werden [HAH12].

Durch Einsatz von Stabelektroden mit unterschiedlichen Durchmessern wurden mit den dünneren Elektroden schmalere Strukturen hergestellt. Jedoch wiesen diese Strukturen aufgrund der seitlichen Auslenkung der dünnen Elektroden große Abweichungen auf. Des Weiteren wurde festgestellt, dass je größer der Elektrodendurchmesser wurde, desto größere Profilflankenwinkel $α_p$ und tiefere Profile angefertigt wurden [HAH12].

Bei einer Abrichtspannung von U_{d0}=15V und Abrichtstrom von I_{d0}=0,1 A wurden die Korngrößen der Schleifscheiben variiert. Hierbei konnten mit der Korngröße 46 µm kein Bindungsabtrag festgestellt werden. Im Gegensatz dazu konnten mit der Korngröße 6,3 µm kleinere Profilkantenradien als mit der Korngröße 16 erreicht werden. Der Profilflankenwinkel $α_p$ und die Profiltiefe t_p sind ebenfalls auf der feinkörnigeren Schleifscheibe größer [HAH12].

Eine Kombination aus einer Korngröße von 16 µm und einer harten Bindung bewirkte ab einer Stegbreite von b_{Steg}=250µm Profilhöhenabweichungen von bis zu $Δh$=70µm. Bei einer mittelharten Bindung mit sonst gleichbleibenden Korngrößen entstand bei einer Stegbreite von weniger als b_{Steg}=130µm eine Profilhöhenabweichung von bis zu $Δh$=410 µm. Allerdings war diese Höhenabweichung bei Stegbreiten oberhalb b_{Steg}≥130 µm nicht mehr festzustellen. Bei kleineren Körner in Kombination mit einer mittelharten Bindung entstanden Profilhöhenabweichungen von maximal $Δh$=5µm [HAH12].

2.5 Fazit zum Ableiten der Aufgabenstellung

Die Abbildung 2.13 schildert die in diesem Kapitel behandelten Themen aus der Literatur hin bis zum Erschließen der Aufgabenstellung. Auf diesen bereits existierenden Stand der Technik aufbauend, wird sich zur Herstellung kleinskaliger Riblet-Strukturen mit einem Seitenabstand von weniger als $s_{Riblet}=20$ µm und einem Aspektverhältnis von $a_{Riblet}=0,5$ auf Verdichterschaufeln für mehrfach profilierte metallisch gebundene cBN-Schleifscheiben entschieden. Diese werden mittels des ECCD-Abrichtverfahrens konditioniert. Darüber hinaus, ist zur Steigerung des Leistungspotenzials der Werkzeuge eine Anpassung dessen Herstellungsprozesses erforderlich. Daher werden die zu untersuchenden Schleifscheiben selbst hergestellt.

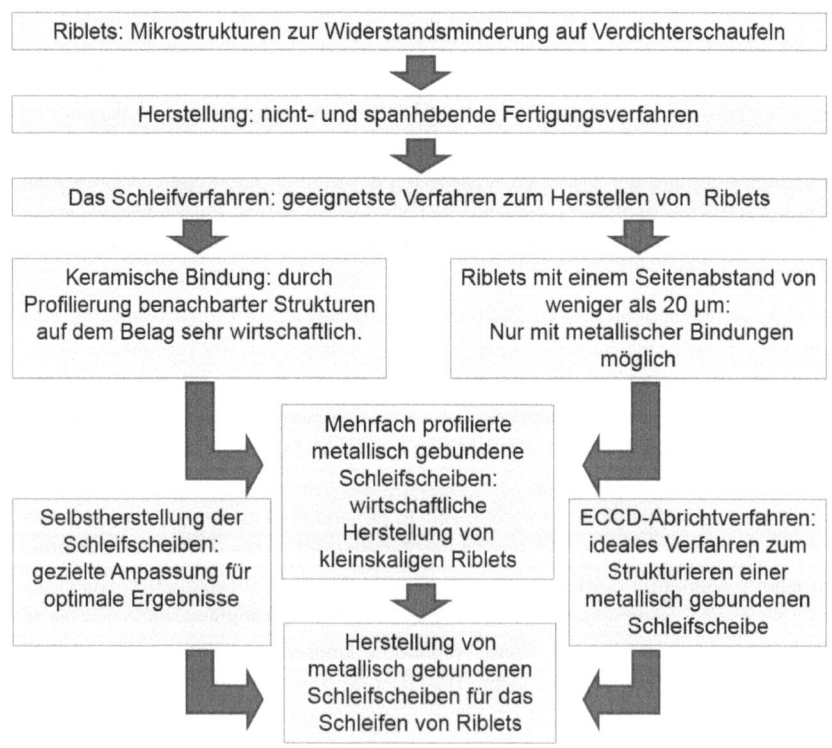

Abbildung 2.13 Ableitung der Aufgabenstellung

Fazit zum Ableiten der Aufgabenstellung

Ausgehend von der Aufgabenstellung lässt sich das Hauptziel der Arbeit in mehrere Bausteinen gliedern. Die Strategien zum Erreichen des Hauptziels und die daraus abgeleiteten Bausteine werden im Rahmen des nächsten Kapitels beschrieben.

3 Zielsetzung

Das Hauptziel dieser Arbeit ist, metallisch gebundene cBN-Schleifscheiben herzustellen und zum Schleifen von Riblet-Strukturen einzusetzen. Ausgehend von der dargelegten Aufgabenstellung lässt sich dieses Hauptziel in zwei Teilzielen untergliedern. Die Vorgehensweise zum Erreichen dieser Teilziele ist in Abbildung 3.1 erörtert.

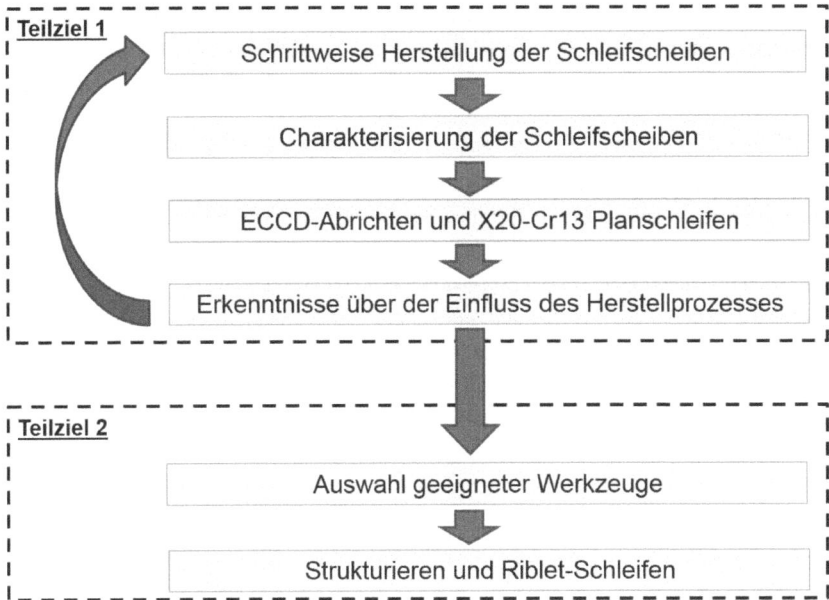

Abbildung 3.1 Vorgehensweise zum Erreichen des Arbeitsziels

Teilziel 1
In diesem ersten Teilziel sollen 10 Werkzeuge hergestellt und deren grundsätzlichen Einsatzverhalten beim Umfangsplanschleifen als Modellprozess erforscht werden.
Zu diesem Zweck sollen in einem ersten Schritt Methoden zur Charakterisierung der Schleifscheiben ausgelegt und validiert werden. Anhand dieser Methoden können auf der einen Seite Eigenschaften, wie beispielsweise Verdichtung und Verschleißfestigkeit des Belags, definiert und dadurch ein besseres Verständnis des Einsatzverhaltens der Schleifscheiben erlangt werden. Auf der anderen Seite können durch diese Charakterisierungsuntersuchungen Regelmäßigkeiten zwischen den Herstellprozessparametern und den Schleifscheibeneigenschaften etabliert werden, um somit Kenntnisse

über die während des Sinterprozesses auftretenden Vorgänge zu gewinnen. Die Charakterisierungsuntersuchungen sollen an Schleifsegmenten mit den dazugehörigen Schleifscheiben identischen Zusammensetzung sowie Herstell-parametern durchgeführt werden.

Um die Sinterparameter sowie Zusammensetzung der Schleifscheiben gezielt auszuwählen, wird die Herstellung in 3 Schritten durchgeführt. Zunächst werden 3 Basis-Schleifscheiben hergestellt. Die Auswahl der Herstellparameter von diesen Basis-Schleifscheiben basiert auf Erkenntnisse aus der Literatur sowie auf eine Untersuchung zum Einfluss des Sinterdrucks, die an zwei mit unterschiedlichen Sinterdrücken selbsthergestellten Schleifscheiben erfolgen soll.

An die Charakterisierungs- sowie Planschleifuntersuchungen der Basis-Werkzeuge anknüpfend werden im zweiten Herstellungsschritt 3 Schleifscheiben mit angepassten Sinterparametern und im dritten Schritt 4 Schleifscheiben mit angepassten Spezifikationen hergestellt. An diesen weiteren 7 Werkzeugen erfolgen, wie bei den Basis-Werkzeugen, Planschleif- sowie Charakterisierungsuntersuchungen.

Das Planabrichten der Werkzeuge erfolgt durch Kontakterosion. Im Rahmen der Schleifuntersuchungen soll die Schnittgeschwindigkeit konstant gehalten und sowohl Vorschubgeschwindigkeit als auch Zustellung jeweils in 3 Stufen variiert werden. Zur Auswertung der Schleifversuche werden die Prozesskräfte und der Werkzeugverschleiß betrachtet.

<u>Teilziel 2</u>

Von den 10 hergestellten Schleifscheiben sollen die Schleifscheiben, die am geeignetsten zum Strukturieren und zum Schleifen von Riblets sind, ausgewählt werden. Im Rahmen der Abrichtuntersuchungen zum Generieren der Riblets-Geometrien mittels einer Graphitelektrode soll der Draht-Versatz ΔZ in 3 Stufen variiert werden. In den anschließenden Riblets-Schleifuntersuchungen werden Vorschub und Zustellung in jeweils 3 Stufen variiert. Die erzeugten Geometrien sowie der schleifscheibenseitige Dachprofilverschleiß sollen zum Auswerten dieser Untersuchungen herangezogen werden.

4 Versuchseinrichtungen und Messtechnik

4.1 Rohstoffe und Werkzeuge

Als Rohstoffe zur Herstellung der Schleifscheiben stehen eine Kupfer-Zinn-Bindung von der Firma Dr. Fritsch, kubisches Bornitrid (cBN) in den zwei Korngrößen B6,3 und B2,3 von der Firma „Van Moppes" sowie Siliziumkarbid (SiC) #1200 (2µm) von der Firma „Elektro Schmelzwerk Kempte" zur Verfügung. Die genaue Zusammensetzung der Bindung gemäß einer Edx-Analyse sowie die REM-Aufnahmen aller Rohstoffe sind in Abbildung 4.1 dargestellt. Zu erkennen aus den REM-Aufnahmen der Körner (Abbildung 4.1, rechts) sind die scharfen, brüchigen Kanten. Nach der Abnutzung der Kanten während des Einsatzes ermöglicht die brüchige Eigenschaft der Körner neue scharfe Kanten zu generieren.

Die pulvrigen Werkstoffe werden mit einer Waage (Genauigkeit 1mg) gewogen und mit einem fünf-Geschwindigkeitsstufen-Mischer der Firma WAB zusammengemischt.

Zusammensetzung der Bindung
laut einer EDX-Analyse:

Element:	Volumenanteil:
Sauerstoff O	: 1,64 %
Zinn Sn	: 4,36 %
Eisen Fe	: 2,12 %
Kupfer Cu	: 91,36 %
Sontstige	: 5,2 %

Abbildung 4.1 Technische Daten und REM-Aufnahmen der Rohstoffe

Des Weiteren werden Stahl-Grundkörper mit einem Außendurchmesser von 66mm verwendet. Für Schleifscheiben mit 80mm-Durchmesser ergibt sich somit eine Belagstärke von S=6mm. Die Grundkörper sind am Umfang durch Walzen profiliert, um dadurch eine ausreichende Haftung des Schleifbelags nach dem Sintern zu gewährleisten. Für die Herstellung der Schleifscheiben stehen zwei Sintermatrizen aus einer Nickel-Chrom-Legierung zur Verfügung, deren schematische Darstellungen in Abbildung 4.2 zu sehen sind. Für eine bessere Übersicht werden im folgenden Verlauf die 80mm-Matrize und die 100mm-Matrize jeweils Matrize 1 und Matrize 2 genannt. Durch die Nickel-Chrome-Legierung ist die an dem Sintermatrizenwerkstoff angeforderten Wärmeleitungsfähigkeit sowie Wärmefestigkeit zum Erzielen einer schnellen Erwärmung bzw. Abkühlung sowie zur Vermeidung einer Gestaltsänderung aufgrund hoher Prozesstemperaturen erfüllt. Nach dem Sintern werden die Schleifscheiben mit Hilfe einer hydraulischen Presse der Firma AC Hydraulic A/S (maximale Presskraft 40T) aus der Matrize ausgeformt.

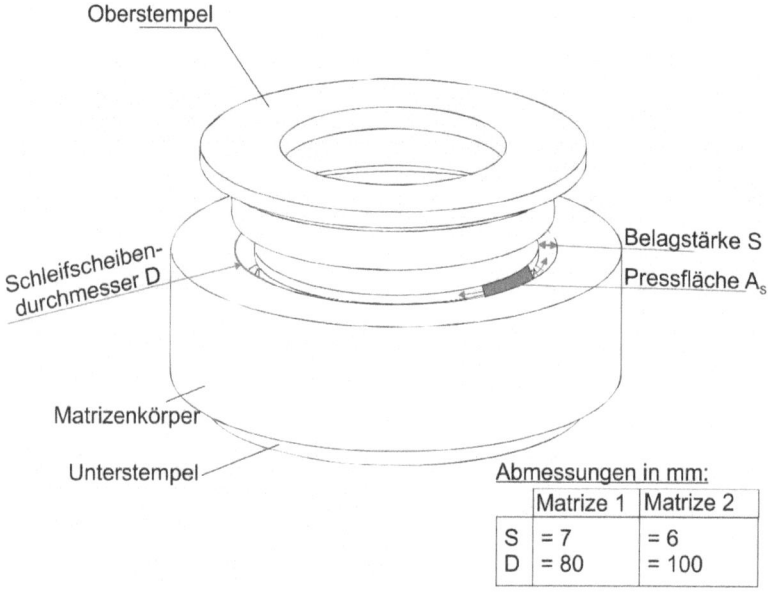

Abbildung 4.2 Sintermatrizen und deren Abmessungen

4.2 Dr. Fritsch Drucksinterpresse

Das Heißpressen der Schleifscheiben erfolgt in der DSP510-Sinterpresseder Firma Dr. Fritsch, die in Abbildung 4.3 dargestellt ist. Die Erhitzung auf die Sintertemperatur erfolgt durch eine elektrische Anschlussleistung von maximal 110kVA, wobei eine maximale Sintertemperatur von 1400°C erreicht werden kann. Die Temperatur wird während des Sinterprozesses durch 3 Thermoelemente erfasst, wobei nur eine von den drei Werten zur Reglung betrachtet wird. Die Abkühlung wird durch Kühlwasser gewährleistet (Bedarf: 80 bis 100l/min). Die Verdichtung des Sintergutes erfolgt mit Hilfe eines hydraulischen Zylinders, der bis zu einem Druck von 300bar auf eine maximale wirksame Pressfläche von 110cm² aufbauen kann. Darüber hinaus ist die Maschine mit dem N_2-Schutzgas vorgesehen, der unerwünschte chemische Reaktionen bei hohen Temperaturen vom Sintergut mit der Atmosphäre, wie zum Beispiel Oxidation und Auf- oder Entkohlungsreaktionen, verhindern soll.

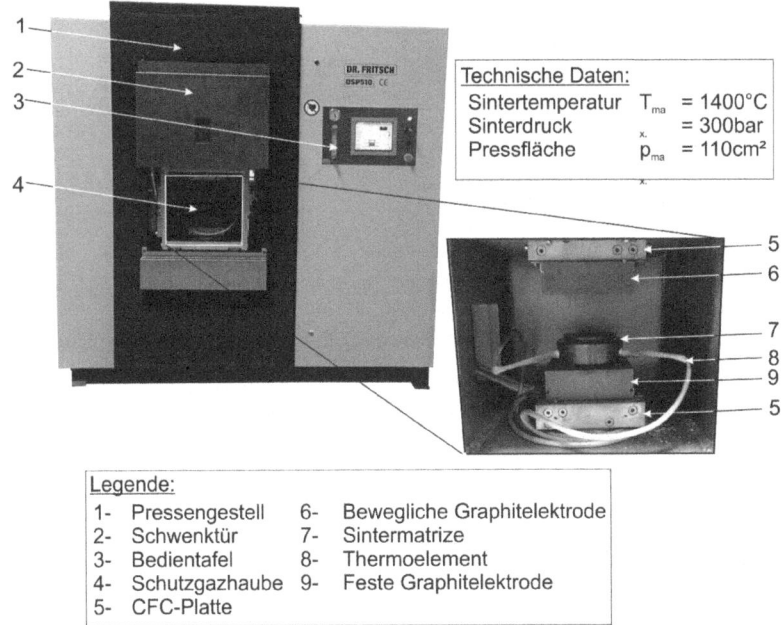

Abbildung 4.3 Dr. Fritsch Sinterpresse

4.3 Versuchswerkstoff

Als Versuchswerkstoff wird der für Verdichterschaufeln typische Stahlwerkstoff X20Cr13 eingesetzt. Hierbei handelt es sich um einen chromlegierten Vergütungsstahl mit einem Kohlenstoffgehalt von 0,2% und einem Chromgehalt von 13%. Die besondere Eigenschaft dieses Werkstoffs besteht darin, eine hohe Korrosionsbeständigkeit bei nicht chlorhaltigen Medien aufzuweisen. Die Abbildung 4.4 zeigt ein Schliffbild des

Werkstoffes sowie eine tabellarische Darstellung seiner wichtigsten mechanischen Eigenschaften. Auf dem Schliffbild ist zunächst das für vergütete Stähle typische nadelförmige Martensit-Gefüge zu erkennen, welches in der Ferrit-Matrize eingebettet ist.

Schliffbild des Versuchswerkstoffs

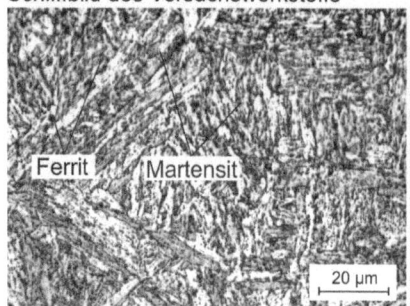

Wärmebehandlungszustand: vergütet
Härte: 250 HV10
Zugfestigkeit: $R_{m,min}$ = 500 N/mm²
Gefügebestandteile: Ferrit und Martensit
chemische Zusammensetzung:
C-Gehalt: 0,2 %
Cr-Gehalt: ca. 13 %

Abbildung 4.4 Versuchswerkstoff X20Cr13 [WAN10]

4.4 Walter 5-Achs Werkzeugschleifmaschine

Das Konditionieren der Schleifscheiben und die anschließenden Schleifuntersuchungen werden an einer Walter Helitronic Power CNC-Werkzeugschleifmaschine (Abbildung 4.5). Die Maschine verfügt über 3 translatorischen Achsen (X, Z und Y), die mit einer maximale Geschwindigkeit von 15m/min und einer Genauigkeit von 0,1μm gefahren werden können und 2 rotatorischen Achsen (C und A). Darüber hinaus ist die Maschine mit zwei miteinander gekoppelten Spindelenden versehen, die jeweils mit 3 Kühlschmiermittelventilen ausgerüstet sind. Als Kühlschmierstoff wird Marcon 2429 S-8 von der Firma Houghton verwendet. Das Fassungsvermögen des Kühlmittelsystems ist ca. 400l mit einer Pumpenleistung von ca. 120l/min bei 7bar.

4.5 Auswertetechniken

Oberflächenmesstechniken
Die qualitative Charakterisierung der Schleifscheibentopographien und der geschliffenen Werkstücke erfolgt durch Einsatz von drei Messtechniken: Die Rasterelektronenmikroskopie (REM), die Digitale Mikroskopie und die konfokale Weißlichtmikroskopie. Aufnahmen von den Rohstoffen sowie den Topographien der Schleifscheiben vor und nach dem Einsatz werden mit der Rasterelektronenmikroskopie realisiert. Zu diesem Zweck steht ein Rasterelektronenmikroskop vom Typ Zeiss EVO VP zur Verfügung.

Das Funktionsprinzip dieses Mikroskops beruht darauf, ein Elektronenstrahl über die zu messende Oberfläche zu führen und anhand deren Rückstrahlung ein Bild zu erzeugen, das durch seine besonderes hohe Tiefenschärfe gekennzeichnet ist. Mit diesem Gerät kann eine Vergrößerung von bis zu 50000-fach erreicht werden.

Mit Hilfe eines Digitalmikroskops VHX-600 von der Firma Keyence können bis zu 200-fach vergrößerte Bilder von den Schleifscheibenoberflächen sowie von den geschliffenen Werkstücken aufgenommen werden.

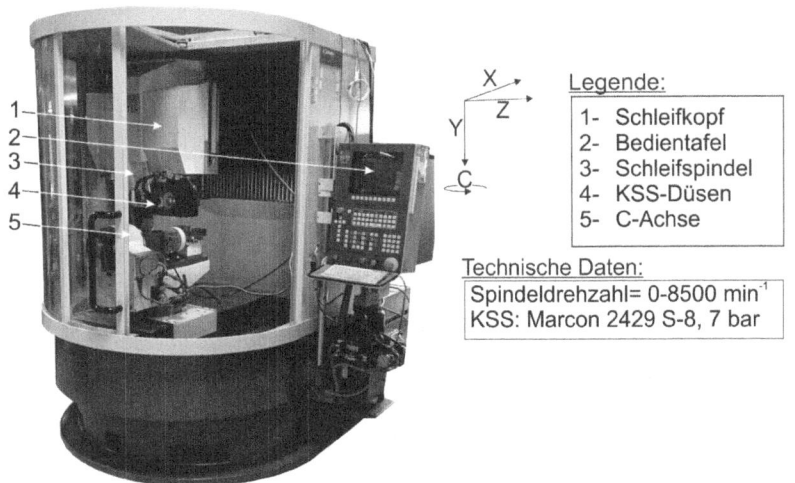

Abbildung 4.5 Walter Helitronic Power CNC-Werkzeugschleifmaschine

Um den Schleifscheibenverschleiß und die strukturierten Oberflächen zu messen, bietet sich die Möglichkeit, ein konfokales Mikroskop einzusetzen. Das konfokale Weißlichtmikroskop ist vom Typs µSurf der Firma Nanofocus und es ermöglicht 3-D Aufnahmen mit einer lateralen Auflösung von 0,3µm bis 3µm und einer vertikalen Auflösung von 0,0015 bis 0,02µm.

Kraftmessung

Für die Messung der Schleifkräfte wird eine piezoelektrische Kraftmessplattform eingesetzt, die in dem Maschinentisch integriert ist. Diese Kraftmessplattform generiert 3 Ausgangssignale, die die Verformung der Piezokristalle als Folge von Lasten in X-, Y- und Z-Richtung entsprechen. Diese Signale werden gefiltert und mit Hilfe einer geeigneten Software bearbeitet und anschließend als normale, tangentiale und axiale Schleifkraft wiedergegeben

5 Vorgehensweise und Versuchsplanung

Dieser Kapitel widmet sich der Beschreibung der im Rahmen dieses Vorhabens geplanten Untersuchungen. Grundsächlich lassen sich diese Untersuchungen in vier Arbeitsschritte unterteilen: Die Herstellung der Schleifscheiben, die Charakterisierungsuntersuchungen, die Planschleifuntersuchungen zur Ermittlung der allgemeinen Einsatzverhalten der Werkzeuge und schließlich die Riblet-Schleifuntersuchungen. Für eine bessere Übersicht werden die Versuche in einer chronologischen Reihenfolge beschrieben, die von der Herstellung bis hin zu der Riblet-Schleifuntersuchungen reicht. Zunächst wird auf die Herstellung der Werkzeuge und deren anschließende Charakterisierung eingegangen.

5.1 Herstellen der Versuchswerkzeuge

5.1.1 Vorbereitung der Grünlinge

Die Volumenanteile der Rohstoffe $V_{\%,i}$ einer Schleifscheibe werden in Anlehnung an die angestrebten Schleifscheibeneigenschaften und Anwendung ausgelegt (Vgl. Abschnitt 2.3.1). Aus diesen Volumenanteilen kann zunächst der Massenanteil jedes Rohstoffes m_i mit der Formel:

$$m_i = \rho_{Sch,i} \times V_0 \times \frac{V_{\%,i}}{100\%} \tag{5.1}$$

ermittelt werden. Wobei $\rho_{Sch,i}$ und V_0 jeweils die Schüttdichte des Werkstoffes und das gesamte Grünlingvolumen darstellen. Das Grünlingvolumen V_0 wird anhand der geometrischen Abmessungen von der Sintermatrize beschrieben:

$$V_0 = \pi \times \frac{D^2 - (D - (2 \times S))^2}{4} \times B_0 \tag{5.2}$$

Die Größen D, S und B_0, die der Abbildung 4.2 zu entnehmen sind, entsprechen jeweils dem Schleifscheibendurchmesser, der Belagstärke und der Anfangsbreite des Grünlings in der Sintermatrize. Der Schleifscheibendurchmesser und die Belagstärke sind durch die Geometrie der Sintermatrize definiert und bleiben während des Sinterprozesses unverändert. Dementgegen wird die anfängliche Breite des Grünlings B_0 um einen Verdichtungsgrad η_V verdichtet. Dieser lässt sich wie folgt definieren:

$$\eta_V = \frac{B_0 - B_S}{B_0} \tag{5.3}$$

Wobei B_S die Endbreite der Schleifscheibe nach dem Sintern darstellt. Das Schleifscheibenendvolumen V_S entspricht:

$$V_S = \pi \times \frac{D^2 - (D - (2 \times S))^2}{4} \times B_S \tag{5.4}$$

Die Formel 5.3 lässt sich zunächst wie folgt umstellen:

$$B_0 = \left(\frac{1}{1-\eta_V}\right) \times B_S = n_R \times B_S \quad mit\ n_R = \frac{1}{1-\eta_V} \quad (5.5)$$

Die Größe n_R wird als Rohstofffaktor definiert. Mit Hilfe dieses Faktors kann die Formel 5.1 in die Form

$$m_i = \rho_{Sch,i} \times n_R \times V_S \times \frac{V_{\%,i}}{100\%} \quad (5.6)$$

umgeschrieben werden. Die sich ergebende gesamte Masse des Rohlings m_R lässt sich schließlich mit Hilfe der Formel 5.5 wie folgt berechnen:

$$m_R = \sum_{n=1}^{i} m_i \quad (5.7)$$

Eine Abweichung von dieser berechneten gesamt Masse kann gemäß der Formel 5.4 und 5.6 auf Pulververluste, auf geometrische Ungenauigkeiten der Sinterform sowie auf Datenabweichung der Rohwerkstoffe zurückgeführt werden.

Die Pulververluste treten während des Einformens oder Umfüllens auf. Diese Verlustmengen und die daraus resultierenden Fehler bei den weiteren Berechnungen werden in einem folgenden Kapitel betrachtet.

Die geometrische Formabweichung der Sintermatrize ist das Ergebnis einer fertigungsspezifischen Ungenauigkeit oder einer Gestaltänderung als Folge der wiederholten Erwärmung und des anschließenden Abkühlens während des Sinterns. Daher wird die Matrize vor dem Einsatz vermessen. Eine Gestaltänderung kann mit den vorhandenen Messmitteln nicht festgestellt werden. Aus diesem Grund wird sie zur Berechnung des theoretischen Schleifscheibenvolumens nicht herangezogen.

Mit der Datenabweichung der Rohwerkstoffe ist eine Abweichung von den Herstellerangaben über die Schüttdichten gemeint. Daher werden diese im Rahmen des nächsten Abschnitts neu ermittelt.

Schüttdichten der Rohwerkstoffe ρ_{Sch}

Als Schüttdichte ρ_{Sch} wird die Dichte eines körnigen Werkstoffes beschrieben. Voraussetzung bei der Bestimmung der Schüttdichte ist, das Pulver ohne Verdichten in den Messbehälter einzufüllen. Ferner soll gewährleistet werden, dass die klumpenartige Haufwerke, die durch Lagern und Transportieren im Pulver entstehen, beseitigt werden. Diese Voraussetzungen werden dadurch erreicht, dass der pulvrige Werkstoff durch ein feines Sieb in den Messbehälter passiert wird.

Die in dieser Arbeit einzusetzenden Rohstoffe werden jeweils in einen Messbehälter passiert und anschließend gewogen. Die Berechnung der Schüttdichte ρ_{Sch} erfolgt nach der folgenden Formel:

Herstellen der Versuchswerkzeuge

$$\rho_{Sch} = \frac{m}{V} \tag{5.8}$$

Wobei m die Masse des Pulvers, das ohne Pressen in einen Behälter mit dem Volumen V eingefüllt wird, darstellt.

Bei der Berechnung der Schüttdichte ρ_{SCH} ist mit Fehlerquellen zu rechnen. Beispielhaft kann es bei der Einfüllung des Behälters aufgrund des Pulvergewichtes zu einer Verdichtung der unteren Schichten kommen. Darüber hinaus ist eine geometrische Abweichung des Messbehälters nicht auszuschließen. Aus diesem Grund wird das Einfüllen und anschließende Wiegen für jedes Pulver 3 mal wiederholt und anschließend ein Mittelwert aus den resultierenden Schüttdichten gebildet. Insgesamt ergeben sich für die 4 Pulver 12 Versuche.

5.1.2 Einstellen der Sinterpresse

Nach der Vorbereitung des Grünlings und Einfüllen in die Sintermatrize erfolgt das Heißpressen. Dieser Schritt wird mit Hilfe einer DSP 510 Sinterpresse der Firma Dr. Fritsch durchgeführt (Vgl. Abschnitt 4.2).

Die einzustellenden Größen können zunächst in System- und Stellgrößen unterteilt werden. Zu den Systemgrößen zählen die Sinterformausgangshöhe und die Pressfläche A_S (Vgl. Abbildung 4.2). Die Stellgrößen werden phasenweise programmiert. Ein Sinterprogramm besteht aus 8 bis 9 Segmente. Die maximale Heizleistung und die erwünschten Sinterdruck- und Temperaturverläufe werden in diesen Segmenten programmiert. Darüber hinaus besteht die Möglichkeit für jedes Segment auszuwählen, ob das Ventil zum Schutzgastank eingeschaltet werden soll. Die Abbildung 5.1 zeigt ein Beispiel von einem Sinterprogramm.

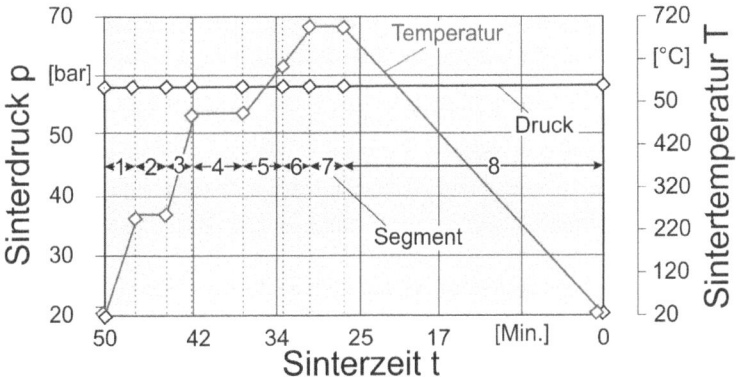

Abbildung 5.1 Beispiel eines programmierten Sinterprozesses

5.1.3 Störfaktoren des Sinterprozesses

Zum Erzielen eines reproduzierbaren Ergebnisses beim Sintern ist es von großer Bedeutung, Abweichungen von den zuvor genannten Größen während des Sintervorgangs möglichst minimal zu halten. Im nachfolgenden Schritt wird auf die Einflussfaktoren des Sinterdruck und der Sintertemperatur eingegangen.

Eine Abweichung von dem programmierten Sinterdrucks kann die Folge einer Abweichung der eingegebenen Pressfläche A_S sein. Die Pressfläche lässt sich wie folgt berechnen:

$$A_S = \frac{\pi(D^2 - (D - (2S))^2)}{4} = \pi S(D - S) \tag{5.9}$$

Die Größen D und S sind in Abbildung 4.2 dargestellt. Mit Hilfe der Pressfläche und des programmierten Soll-Sinterdrucks p_{soll} wird die entsprechende Presskraft F, die mit Hilfe des hydraulischen Zylinders ausgeübt werden soll, automatisch errechnet. Diese entspricht:

$$F = A_S \times p_{soll} \tag{5.10}$$

Aufgrund von Messungenauigkeiten der Sintermatrize kann die eingegebene Pressfläche A_S von der Ist-Pressfläche $A_{S,ist}$ um Δ_A abweichen. Die Ist-Pressfläche und die Pressflächenabweichung sind wie folgt definiert:

$$A_{S,ist} = \pi S_{ist}(D_{ist} - S_{ist}) \tag{5.11}$$

$$\Delta_A = A_S - A_{S,ist} \tag{5.12}$$

Aus der von der Maschine ausgeübten hydraulischen Kraft F und der Ist-Pressfläche ergibt sich ein Ist-Druck p_{ist}, der wie folgt berechnet werden kann

$$p_{ist} = \frac{F}{A_{S,ist}} \tag{5.13}$$

Somit führt die Eingabe einer fehlerhaften Pressfläche zu dem Aufbau eines von dem Soll-Wert abweichenden Drucks. Die Sinterdruckabweichung Δ_p entspricht:

$$\Delta_p = p_{soll} - p_{ist} = \frac{F}{A_S} - \frac{F}{A_{S,ist}} \tag{5.14}$$

Nicht zu vernachlässigen ist ebenfalls der Einfluss der Temperaturabweichungen auf das Sintergut. Unter Temperaturabweichungen können Abweichungen innerhalb der Sintermatrize und Abweichungen von dem programmierten Soll-Wert klassifiziert werden.

Die Temperaturabweichungen innerhalb der Sintermatrize können durch die von den drei Thermoelementen erfassten Werte veranschaulicht werden. Diese Abweichungen sind die Folge eines ungleichmäßigen Stromflusses über die Sinterform. Beispielhaft sind die zylindrische Sinterform und ihre Positionierung mittig unter den Elektroden

besonders wichtig, um einen günstigen Stromfluss zu bewerkstelligen. Des Weiteren verschlechtern die Unebenheit und die Verschmutzungen der Kontaktflächen zwischen den Elektroden und der Sinterform den Stromfluss erheblich.
Die erwähnten Gründe für die Entstehung von Temperaturabweichungen innerhalb der Matrize können durch die Temperaturreglung erhöht werden. Wie in Abschnitt 4.2 bereits erwähnt, erfolgt die Reglung durch einen Vergleich des Ist-Wertes von nur einem der drei Thermoelemente mit dem Soll-Wert. Darauf basierend wird die Heizleistung entsprechend angepasst. Dies bedeutet, dass die Temperaturen, die durch zwei von den drei Thermoelementen erfasst sind, nicht herangezogen werden. Die Erhöhung bzw. die Senkung der Heizleistung, führt somit zu einer weiteren Über- bzw. Untererhitzung an den nicht geregelten Stellen.
Eine Abweichung zwischen der Soll- und der Ist-Sintertemperatur kann auf maschinelle Regelungsungenauigkeiten zurückgeführt werden. Zum Erreichen der Soll-Temperatur wird die Heizleistung erhöht. Bedingt durch die Wärmeleitfähigkeit des Matrizenwerkstoffes, kann sich die Entwicklung der Temperatur an den Temperaturmessstellen verzögern. Daher erfolgt die Temperaturregelung nicht in der Echtzeit. Folglich wird mehr Wärme als benötigt zugeführt und es treten Überhitzungen auf.

5.1.4 Herstellparameter der Versuchswerkzeuge

Um die Herstellparameter der Schleifscheibe gezielt auszuwählen, wird eine strategische Vorgehensweise eingegangen. Zunächst werden 3 Basis-Schleifscheiben hergestellt, charakterisiert und anschließend zum Planschleifen eingesetzt. Auf die aus dieser Untersuchung ergebenden Erkenntnisse aufbauend sollen sinnvolle Herstellparameterkombinationen der weiteren 7 Werkzeuge abgeleitet werden.

<u>Herstellparameter der Basis-Werkzeuge</u>

Die Kriterien zur Auswahl der Herstellparameter von den Basis-Schleifscheiben basieren einerseits auf eine Voruntersuchung und anderseits auf bekannten Zusammenhängen aus verschiedenen Literaturquellen.
Im Rahmen einer Vorversuchsreihe werden zwei Schleifscheiben unter variierten Druck gesintert und zum Umfangsplanschleifen von X20Cr13 eingesetzt. Ziel dabei ist, den Einfluss des Sinterdrucks auf die Prozesskräfte zu veranschaulichen. Hierzu wird eine Schleifscheibe mit dem vom Bindungszulieferer empfohlenen Parametersatz, die zunächst Schleifscheibe 01 genannt wird, und eine andere mit 10 bar höheren Sinterdruck aber sonst gleich bleibender Sintertemperatur und –zeit (Schleifscheibe 02) hergestellt. Die genaue Zusammensetzung dieser Schleifscheiben sowie deren Herstellparameter sind in Abbildung 5.2 wiedergegeben.

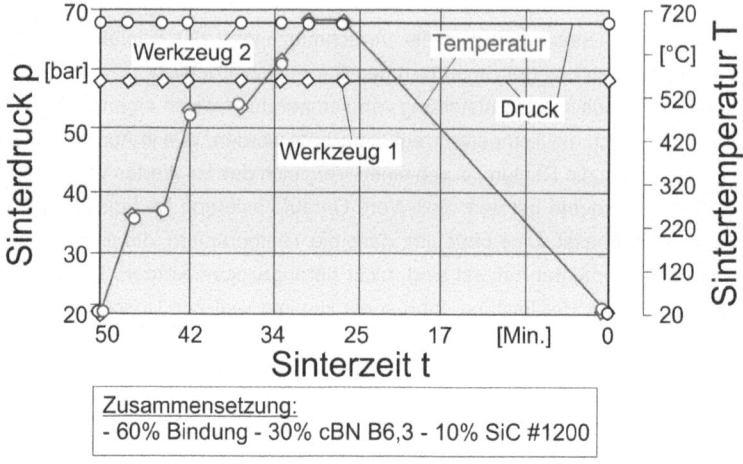

Abbildung 5.2 Zusammensetzung und Herstellparameter der Vorversuchswerkzeuge

Anschließend zu dem Herstellprozess erfolgen Schleifuntersuchungen an der Walter-Werkzeugschleifmaschine. Im Rahmen dieser Untersuchungen werden die Schnitt- und die Vorschubgeschwindigkeit auf v_c=30m/s und v_f=120mm/min konstant gehalten und die Zustellung von a_e=10µm auf a_e=30µm variiert. Somit ergeben sich insgesamt 4 Versuche. Vor jeder Versuchsreihe ist ein Schärfvorgang vorgesehen. Dies wird mit Hilfe einer auf dem Maschinentisch montierten Al_2O_3-Schärfrolle durchgeführt. Der Geschwindigkeitsquotient beim Schärfen, der das Verhältnis der Rollenschnittgeschwindigkeit v_{roll} zur Schleifscheibenschnittgeschwindigkeit v_{sch} wiedergibt, entspricht dabei q_d=-0,8. Als Überdeckungsgrad wird der Anzahl der Schleifscheibenumdrehungen n nach dem kompletten Befahren der Rollenbreite B gekennzeichnet. Dieser entspricht U_d=5. Die Zustellung, der Geschwindigkeitsquotient sowie der Überdeckungsgrad werden während aller Versuche konstant gehalten. Während des Schleifprozesses werden die Prozesskräfte gemessen und anschließend ausgewertet. In Abbildung 5.3 ist eine Zusammenfassung von sowohl den geplanten Schleifuntersuchungen als auch die verwendete Schärfstrategie.

Aufbauend auf den Vorversuche und der in Abschnitt 2.3.2 durchgeführten Literaturrecherche werden die Parametersätze der Basis-Schleifscheiben ausgewählt.

Herstellen der weiteren Werkzeuge

Nach der Herstellung der Basisschleifscheiben erfolgen sowohl die Charakterisierungsmaßnahmen, die im weiteren Verlauf beschrieben werden, als auch Umfangsplanschleifuntersuchungen. Diese Ergebnisse werden dazu dienen, die Herstellparameter der weiteren Schleifwerkzeuge gezielt auszuwählen.

Schleifscheiben
Schleifscheibe 1: Sinterdruck p=58 bar
Schleifscheibe 2: Sinterdruck p=68 bar

Abrichtprozessparameter:
Überdeckungsgrad U_d = 5
Geschwindigkeitsverhältnis q_d = -0,8
Zusellung a_e = 10 µm

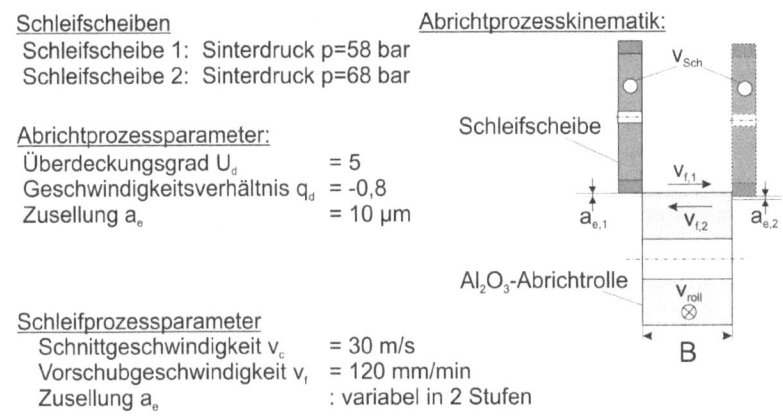

Abrichtprozesskinematik:

Schleifprozessparameter
Schnittgeschwindigkeit v_c = 30 m/s
Vorschubgeschwindigkeit v_f = 120 mm/min
Zusellung a_e : variabel in 2 Stufen

Abbildung 5.3 Plan zu den Voruntersuchungen und der Schärfstrategie

Herstellen von Schleifsegmenten

Die auszulegenden Maßnahmen zur Charakterisierung der Schleifscheiben vor dem Einsatz werden an Schleifsegmenten erfolgen. Zu jeder Schleifscheibe, die es zu untersuchen gilt, werden entsprechend 6 Schleifsegmente mit der gleichen Zusammensetzung und Sinterparametern hergestellt.

Vorteilhaft sind die Schleifsegmente dadurch, dass ihre leichte Handhabung keine aufwendigen Versuchsanordnungen zu den Charakterisierungsversuchen erfordern. Hinzu kommt, dass eine Beschädigung der Schleifscheiben, durch beispielsweise die vorgesehenen Härteprüfversuche, vermieden wird. Darüber hinaus kann durch die Wiederholung desselben Sinterprozesses die Reproduzierbarkeit überprüft werden. Zur Herstellung der Schleifsegmente wird wie bei dem Herstellen einer Schleifscheibe vorgegangen, indem eine Pulvermischung um einen Grundkörper herum gesintert wird. Das Abtrennen der Segmente aus dem Belag erfolgt mit Hilfe des Wasserstrahlverfahrens. Die höchst erreichbaren Abmessungen dieser Segmente können mit Hilfe der Matrize 2 erzielt werden (14x8x3). Daher wird diese Matrize zum Herstellen der Segmente verwendet.

5.1.5 Strategien zur Charakterisierung der Schleifwerkzeuge

Durch die Selbstherstellung der Schleifscheiben werden Daten über sowohl die verwendeten Rohstoffe als auch den Herstellprozess gewonnen. Anhand dieser Daten werden Kenngrößen eingeführt, die in den folgenden Kapiteln zur Quantifizierung des Herstellprozesses dienen werden. Die Auswertung dieser Größen soll es ermöglichen, einerseits das Einsatzverhalten beim Schleifen eines Werkzeugs bereits vor dem Einsatz zu antizipieren und anderseits die Rückschlüsse über den Einfluss sämtlicher Herstellparameter auf den Schleifprozess experimentell zu validieren.

Im Rahmen dieser Diplomarbeit werden der Verdichtungsgrad η_V, die Porosität der Schleifscheiben $P_{\%}$, ihre Verschleißfestigkeit F sowie ihr Elastizitätsmodul E ermittelt.

Verdichtungsgrad η_V

Der Verdichtungsgrad η_V ist eine experimentelle Kenngröße zur Quantifizierung der durch den Sinterprozess auftretende Volumenänderung eines anfänglichen Grünlingvolumens V_0 zu einem Endvolumen V_S. Dieser lässt sich wie folgt berechnen:

$$\eta_V = \frac{V_0 - V_S}{V_0} \quad (5.15)$$

Der Verdichtungsgrad hängt von den Herstellprozessgrößen, wie beispielhaft Sinterdruck, -temperatur oder –zeit, sowie von den zu sinternden Werkstoffen, ihrer Volumenanteile und ihrer Korngrößen ab.

Mit der Einführung des Verdichtungsgrades besteht ein Vorteil darin, Regelmäßigkeiten zwischen den Herstellprozessgrößen und der Verdichtung des Schleifbelags zu etablieren. Die Verdichtung des Schleifbelags kann wiederrum in Abhängigkeit der Schleifscheibeneigenschaften betrachtet werden.

Darüber hinaus gilt diese Größe als ein Werkzeug zur Überprüfung der Reproduzierbarkeit eines Sinterprozesses. Dies geschieht, indem Über- oder Unterverdichtung im Vergleich zu Referenzprozessen aufgrund maschineller Fehler, wie z.B. eine Übererhitzung, oder rechnerischer Fehler, wie z.B. fehlerhafte Pressflächen A_S, mit dem Verdichtungsgrad identifiziert werden können.

Die im Rahmen dieser Arbeit eingesetzte Sinterpresse verfügt über eine Pressstempelweg-Messfunktion, mit der den Abstand zwischen der oberen und der unteren Graphitelektrode erfasst werden kann. Somit kann die Belagbreite B_{ist} zu jedem Zeitpunkt während des Sinterprozesses durch Subtraktion der Höhe von dem Matrizendeckel h_M von der Stempel-Ist-Position S_{ist} nach der Formel:

$$B_{ist} = S_{ist} - h_M \quad (5.16)$$

ermittelt werden. Mit Hilfe dieser temporären Höhe kann ein temporärer Verdichtungsgrad berechnet werden:

$$\eta_{V,ist} = \frac{B_0 - B_{ist}}{B_o} = \frac{B_0 - S_{ist} + h_M}{B_0} \qquad (5.17)$$

Mit dem temporären Verdichtungsgrad kann nun die Entwicklung der Verdichtung vom Schleifbelag während des Sinterprozesses über die Zeit veranschaulicht werden. Mögliche Fehlerquellen bei der Bestimmung des Verdichtungsgrades sind die geometrischen Formabweichungen der Sintermatrize, die zuvor erwähnt wurden, die Massenabweichungen zwischen der Rohlingsmasse m$_R$ und der tatsächlichen Masse des Belags sowie die maschinellen Messfehler.

Die Massenabweichung entsteht nicht nur durch einen eventuellen Pulververlust beim Einformen, sondern es besteht ebenfalls die Möglichkeit, dass während des Flüssigphasensinterns etwas an Sintermaterial zwischen die Spalten der Matrizenkomponente fließt und dort erstarrt. Diese Massenabweichung wird durch entgraten des Belags nach dem Ausformen und durch anschließendes Wiegen ermittelt.

Maschinelle Messfehler können beispielsweise die Folge einer Kalibrierungsungenauigkeit des Abstandes zwischen den Elektroden sein. Im Rahmen dieser Arbeit wird eine Kalibrierung des Elektrodenabstandes allerdings nicht durchgeführt.

Rohstofffaktor n$_R$

Wie der Formel 5.5 zu entnehmen ist, steht der Rohstofffaktor n$_R$ in einem direkten Zusammenhang mit dem Verdichtungsgrad η_V. Der Grund für die Einführung dieser Größe ist, die Endbreite der Schleifscheibe vorab zu definieren. Liegt bereits ein Verdichtungsgrad aus einer Voruntersuchung über die angestrebte Kombination des Herstellparametersatzes und der Rohwerkstoffe, so kann die Anfangsbereite B$_0$ in Abhängigkeit der erwünschten Schleifscheibenbreite B$_S$ mit Hilfe der Formel 5.5 bestimmt werden. Falls ein Verdichtungsgrad der angestrebten Kombination nicht vorhanden ist, wird ein Erfahrungswert von n$_R$=5 verwendet. In diesem Fall ist mit einer Schleifscheibenbreiteabweichung Δ_B zwischen der tatsächlichen Endbreite B$_{S,ist}$ und der angestrebten Breite B$_{S,soll}$ zu rechnen.

Dichte eines Schleifscheibenbelags ρ_S

Zur Bestimmung der Dichte eines Schleifbelags werden dessen Masse und Volumen benötigt. Diese Größen können aus dem Herstellprozess ermittelt werden. Die Masse entspricht der gesamten Masse des Rohlings m$_R$. Das Volumen des Schleifbelags nach dem Sintern lässt sich durch Umstellen der Formel 5.15 in die Form:

$$V_S = V_0 \times (1 - \eta_V) \qquad (5.18)$$

berechnen. Somit kann die Dichte des Belags wie folgt:

$$\rho_S = \frac{m_R}{V_0 \times (1 - \eta_V)} \qquad (5.19)$$

bestimmt werden.

Fehlerquellen für diese Methode können auf die Berechnungsfehler des Verdichtungsgrades oder auf die Massenabweichungen zurückgeführt werden.

Porosität

Zur Bestimmung der Porosität werden die Schleifsegmente eingesetzt. Mit Hilfe der Belagdichte ρ_S und der Anfangsmasse eines Segments m_0 kann zunächst das Segmentvolumen V_s durch die Formel:

$$V_s = \frac{m_0}{\rho_S} \qquad (5.20)$$

berechnet werden.

Das Segment wird in einem zweiten Schritt in eine Flüssigkeit eingetaucht. Die Tauchzeit sowie die geeignete Flüssigkeit werden im Rahmen einer Voruntersuchung definiert.

Beim Eintauchen des Segments füllen sich die Poren mit der Flüssigkeit. Die Segmentmasse nach diesem Vorgang m_F entspricht der ursprünglichen Segmentmasse m_0 addiert mit der Masse der in die Poren eingesaugten Flüssigkeit m_P:

$$m_P = m_F - m_0 \qquad (5.21)$$

Der Porenvolumen im Segment kann somit wie folgt ermittelt werden:

$$V_P = m_P \times \rho_F \qquad (5.22)$$

Wobei ρ_F die Dichte der Flüssigkeit entspricht. Die Porosität $P_\%$ des Schleifsegments kann nun wie folgt berechnet werden:

$$P_\% = \frac{V_P \times 100\%}{V_s} \qquad (5.23)$$

Zum Erlangen zuverlässiger Ergebnisse wird die Porosität jedes Segments 3 mal ermittelt. Da entsprechend jeder Schleifscheibe die Anfertigung von 6 Segmente vorgesehen ist, beträgt die Versuchszahl 6x3=18 Versuche pro Schleifscheibe. Nach jedem Eintauchvorgang werden die Segmente mit Hilfe einer Heizplatte getrocknet. Die Belastbarkeit dieser Methode wird im Rahmen des nächsten Kapitels diskutiert.

Eindringversuche

Mit Hilfe des Eindringversuchs wird die Wiederstandskraft ermittelt, mit der die Schleifscheibe dem Eindringen einer Diamantspitze in den Belag entgegenwirkt. Zu diesem Zweck werden die hergestellten Schleifsegmente eingesetzt.

Zur Durchführung dieses Versuchs wird eine selbstkonstruierte Aufnahme für die Diamantspitze auf die Maschinenspindel montiert (Abbildung 5.4). Die Schleifsegmente werden in dem Schraubstock befestigt. Die Messung der Widerstandskraft erfolgt durch die integrierte Kraftmessplattform.

Wie auf der Abbildung 5.4 zu sehen ist, erlaubt die Geometrie eines Segments, tangentiale, radiale und axiale Messungen in Bezug auf die Schleifscheibe durchzuführen. Hierzu sollen die Segmente entsprechend positioniert werden.
Um eine Messung durchzuführen, wird in einem ersten Schritt die Diamantspitze auf dem Messpunkt positioniert. Um die Startposition des Eindringversuchs zu definieren, wird die Diamantspitze mit einem 1µm-Schritt in Richtung Schleifsegment bewegt. Bei der Berührung des Segments mit der Diamantspitze wird ein leichter Anstieg des Kraftsignals beobachtet. Schließlich wird die Diamantspitze um 70µm in das Segment hereingefahren und die Widerstandskraft aufgenommen.
Im Rahmen dieser Untersuchung werden für jedes hergestellte Segment 15, 10 und 6 Eindringversuche in jeweils die radiale, axiale und tangentiale Richtung durchgeführt. Es ergeben sich insgesamt
$$15 + 10 + 6 = 31$$
Messwerte pro Schleifsegment und
$$31 \times 6 = 186$$
Messwerte pro Schleifscheibe. Demzufolge werden insgesamt
$$186 \times 10 = 1860$$
Messungen für alle zu untersuchenden Schleifscheiben durchgeführt.

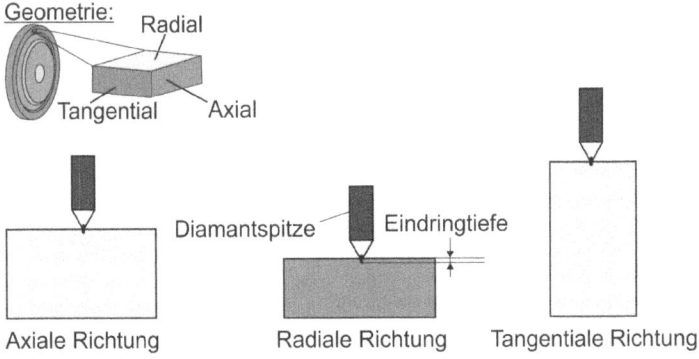

Abbildung 5.4 Versuchsanordnung der Eindringversuche

Bruchversuche

Im Anschluss zu jedem Eindringversuch wird das Schleifsegment in der Aufnahme, die in Abbildung 5.5 dargestellt ist, positioniert. Die Diamantspitze, die nach dem Eindringversuch weiterhin auf der Maschinenspindel montiert bleibt, wird mittig auf der radialen

Seite des Schleifsegments positioniert. Anschließend wird mit einer konstanten Geschwindigkeit in die Y-Richtung gefahren bis ein Kontakt mit dem Segment entsteht (Vgl. Abbildung 4.5). Ab diesem Zeitpunkt löst sich der Bruchvorgang aus. Hierbei steigt die Kraft, je weiter die Spitze in den Segmentkörper eindringt. Die Bruchkraft entspricht der durch die Messkraftplattform maximal gemessenen Kraft vor dem Einbruch des Segments. Im Rahmen dieses Versuchs werden alle hergestellten Schleifsegmente gebrochen. Es ergeben sich insgesamt 6x10 Versuche für alle Schleifscheiben.

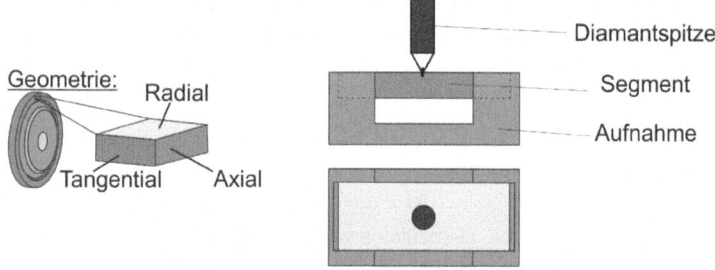

Abbildung 5.5 Anordnung zur Realisierung des Bruchversuchs

5.2 Umfangsplanschleifuntersuchungen

5.2.1 Konditionieren der Schleifscheiben

Wie in Abschnitt 2.3 erwähnt, werden Rundlauf und Zylindrizität der Schleifscheiben durch ein mechanisches Abrichtverfahren erzeugt. Anschließend wird jede Schleifscheibe vor dem Einsatz kontakterosiv abgerichtet. Die Abrichtkinematik und die Abrichtparameter, die während aller Untersuchungen konstant gehalten werden, sind in Abbildung 5.6 dargestellt.

Zur Durchführung eines Abrichtvorgangs wird zunächst eine Zustellung von a_e=5µm und gleichzeitig eine Translation um die Breite der Schleifscheibe B in axialer Richtung mit einer Vorschubgeschwindigkeit von vf=20mm/min bewerkstelligt (Schritt 1 in Abbildung 5.6). In einem zweiten Schritt wird die Schleifscheibe ohne Zustellung erneut um die Breite B weiter translatiert. Anschließend erfolgt eine Rückbewegung ohne Zustellung zu der Anfangspositon. Um ein gleichmäßiges Abrichtergebnis zu erzielen, wird die Kombination der drei beschriebenen Bewegungen insgesamt 20 mal wiederholt.

Umfangsplanschleifuntersuchungen

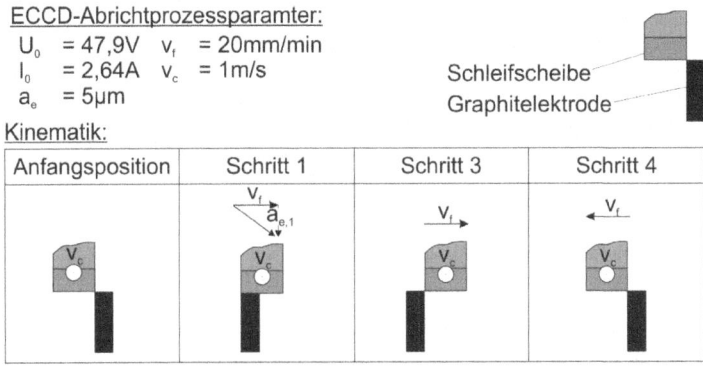

Abbildung 5.6 Versuchsaufbau zum ECCD-Abrichten

5.2.2 Einsatz der Schleifscheiben zum Umfangsplanschleifen

Zunächst werden Schleifscheiben anhand des zuvor beschriebenen Abrichtprozess abgerichtet und zum Planschleifen eingesetzt. Ziel dabei ist es, geeignete Stellgrößenparameter für die Durchführung der weiteren Planschleifuntersuchungen zu bestimmen.

Im Rahmen dieser Planschleifuntersuchungen werden die Vorschubgeschwindigkeit v_{ft} und die Zustellung a_e variiert. Diese Versuche richten sich nach dem „zentral zusammengesetzten Versuchsplan" von Kleppmann [KLE08]. Als Zentralparameter werden eine Vorschubgeschwindigkeit v_{ft}=120mm/min und eine Zustellung a_e=10μm ausgewählt. Die Parameter werden in drei Stufen variiert. Somit ergeben sich insgesamt 5x10 Versuche für alle Schleifscheiben. Die Tabelle 5.1 gibt eine Übersicht über diese geplanten Untersuchungen. Zur Auswertung der Schleifuntersuchungen werden die Prozesskräfte sowie der Werkzeugverschleiß betrachtet.

Die genaue Bestimmung des Werkzeugverschleißes stellt eine große technische Herausforderung dar, da dieser unter 10μm liegt. Daher wird die Eingriffsbreite während der Schleifuntersuchungen geringer als die Schleifscheibenbreite ausgewählt. Mit dem konfokalen Mikroskop μ-Surf werden 3-D-Aufnahmen von 3 axial gerichteten Bahnen am Umfang jedes Werkzeugs nach dem Einsatz durchgeführt. Die erfassten 3D-Bilder enthalten Aufnahmen des Werkzeugzustandes vor und nach dem Schleifen, die Daten über den genauen Verschleiß liefern.

Tabelle 5.1 Geplante Planschleifuntersuchungen

Zentralparametersatz	v_c=30m/s; v_f=120mm/min; a_e=10µm
Variation der Zustellung	v_c=30m/s; v_f=120mm/min; a_e=20µm
	v_c=30m/s; v_f=120mm/min; a_e=30µm
Variation der Vorschub-	v_c=30m/s; v_f=240mm/min; a_e=10µm
geschwindigkeit	v_c=30m/s; v_f=360mm/min; a_e=10µm

Einsatzverhalten der Schleifscheiben über das geplante Stellgrößenfenster
Für die Durchführung der Umfangsplanschleifuntersuchungen sind für jedes Werkzeug zwei Versuchsreihen vorgesehen, die über eine Variation der Zustellung a_e und der Vorschubgeschwindigkeit v_f in jeweils 3 Stufen handeln.
Zunächst wird eine selbsthergestellte Schleifscheibe gemäß der Kinematik, die in Abschnitt 5.2.1 beschrieben ist, kontakterosiv abgerichtet. Da während dieses Konditioniervorgangs eine Durchmesserabnahme von mehr als 100µm gemessen wurde, wird im folgenden Verlauf davon ausgegangen, dass nach dem Abrichten alle Schleifscheiben über den gleichen Kornüberstand verfügen.
Nach dem Konditionieren wird die Schleifscheibe bei einer Schnittgeschwindigkeit von v_c=30m/s, einer Zustellung von a_e=30µm und einer Vorschubgeschwindigkeit v_f=120mm/min eingesetzt. Nach dem Abtragen von einem bezogenen Zerspanvolumen von ca. $V'w$=5mm³/mm haben sich die Prozesskräfte drastisch erhöht. Da das Werkzeug unter diesen Parametern eventuell überlastet wurde, brach sich plötzlich der Schleifscheibenbelag. Eine Aufnahme eines Bruchstücks mit dem digitalen Mikroskop ist in Abbildung 5.7 dargestellt. Dieses zeigt eine schwarze und glatte Oberfläche mit Rissen, die durch eine hohe thermische Beeinflussung entstanden sind.

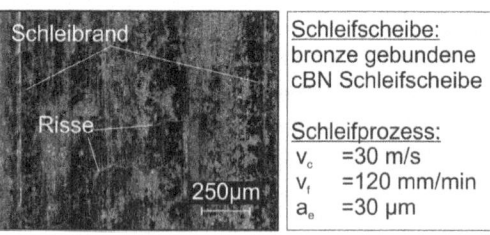

Abbildung 5.7 Digitale Aufnahme eines Bruchstücks

Für die Untersuchung des Einflusses der Vorschubgeschwindigkeit wird eine weitere, selbsthergestellte Schleifscheibe eingesetzt. Die Abbildung 5.8 zeigt die Verläufe der Normalkräfte in Abhängigkeit von drei Vorschubgeschwindigkeiten (v_f=120mm/min;

v_f=240mm/min; v_f=360mm/min). Diese Verläufe charakterisieren sich durch einen systematischen Anstieg bei höheren Vorschubgeschwindigkeiten. Wobei zur Beurteilung dieses Anstiegs einen Mittelwert der gemessenen Normalkräfte über den gesamten Zerspanvolumen etabliert werden.
Die Gegenüberstellung dieser Mittelwerte, die in Abbildung 5.8 (unten) zu sehen ist, zeigt dass durch Erhöhung des Vorschubs auf v_f=240mm/min bzw. v_f=360mm/min die Mittelwerte der Normkräfte um 9% bzw. um 36,5% bezüglich des bei vf=120mm/min steigen.

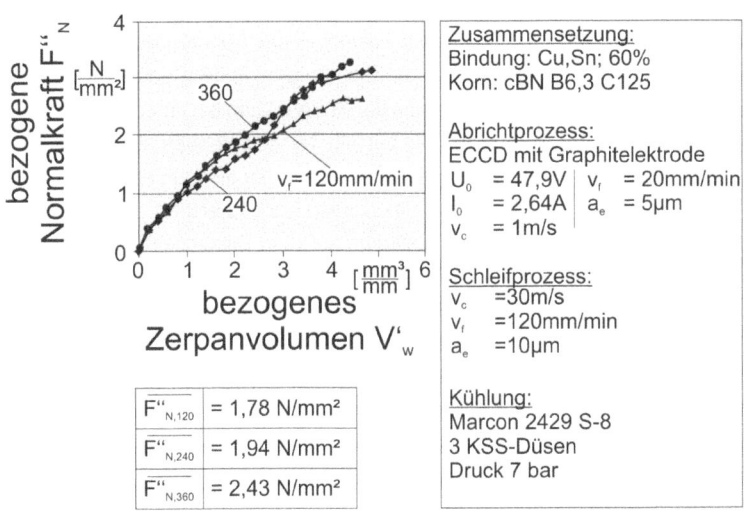

Abbildung 5.8 Entwicklung der Prozesskräfte in Abhängigkeit der Vorschubgeschwindigkeit

Der von dieser Schleifscheibe erzielte G-Wert nach dem Abtrennen von einem bezogenen Zerspanvolumen von ca. V'w=6mm³/mm bei einer Vorschubgeschwindigkeit von v_f=120mm/min beträgt 1,1. Diese Kenngröße dient dazu, das durch eine Volumeneinheit der Schleifscheibe zerspante Volumen an Material zu quantifizieren. Somit bedeuten hohe G-Werte einen niedrigen werkzeugseitigen Verschleiß. Da es in diesem Versuch einen deutlich geringeren G-Wert erzielt wurde, ist der hohe Verschleiß auf einem abrasiven Verschleiß der duktilen Kupfer-Zinn-Bindung aufgrund der langen Späne des Vergütungsstahls X20Cr13 zurückzuführen [KLO05]. Wobei die mit Hilfe der cBN-Körner abgetrennten, langen Späne in die Bindung eindringen und zu einem Abtrag des Bindungsmaterials führen [KLO05]. Maßnahmen zur Verringerung dieses abrasiven Verschleißes ist die Erhöhung der Porosität, um somit die Späne aus der Kontaktzone leichter abzuführen, oder das Einsatz von einem Schleiföl mit einer höheren Viskosität [KLO05]. Mit der letzten Maßnahme wird eine hohe Schmierwirkung erzielt. In diesem Zusammenhang wird darauf hingewiesen, dass bei einer Viskosität von ca. 33mm²/s ist die Rede von einem hochviskosen Kühlschmiermittel [KLO05]. Das verwendete Kühlschmiermittel verfügt hingegen über eine Viskosität von ca. 8,5mm²/s.

<u>Zwischenfazit zu den Planschleifuntersuchungen bei den geplanten Stellgrößen</u>
Für die Verläufe in Abbildung 5.8 gilt einen Anstieg der Normalkäfte in Abhängigkeit des abgetrennten Zerspanvolumens. Diese Beobachtung ist auf den prozessbedingten Schleifkornverschleiß sowie auf das Zusetzten der Spanräume zurückzuführen, die zur Erhöhung der Reibungskräfte und Temperaturen in der Kontaktzone führen. Des Weiteren zeigt die Gegenüberstellung der Kraftverläufe bei unterschiedlichen Vorschubgeschwindigkeiten, dass die Kräfte bei höheren Vorschüben, wie aus der Literatur bekannt, systematisch steigen. Aus diesem Grund ist die Durchführung der Planschleifuntersuchungen ohne Variation des Vorschubs ausreichend, um der Einfluss der Herstellparameter und der Spezifikationen auf dem Einsatzverhalten der Schleifscheiben zu erforschen. Daher wird für alle nachfolgenden Untersuchungen die Vorschubgeschwindigkeit bei v_f=120mm/min konstant gehalten.

Da bei einer Zustellung von ae=30μm die Schleifscheiben eventuell versagen und dadurch die Prozesssicherheit gefährdet werden kann, wird die Zustellung a_e=10μm ebenfalls während der weiteren Untersuchungen nicht variiert.

Um die Reproduzierbarkeit der Ergebnisse zu erhöhen, wird jede Versuchsreihe 3-mal wiederholt. Da es darüber hinaus von großer Bedeutung ist, die Schleifscheiben hinsichtlich des erzielten Zerspanvolumens zu vergleichen, wird jede Schleifscheibe solange eingesetzt, bis einen kritischen Zustand erreicht ist. Das Erreichen des kritischen Zustandes kann durch mehrere Merkmale identifiziert werden. Auf diese Merkmale wird zunächst eingegangen.

<u>Kritisches Verhalten einer Schleifscheibe beim Schleifen von X20Cr13</u>
Das Erreichen von einem kritischen Zustand macht sich durch 4 Merkmale bemerkbar. Ein prozessbedingter, kontinuierlicher Anstieg der Zerspankräfte in Abhängigkeit des zerspanten Volumens ist in der Regel zu erwarten. Jedoch ist ein plötzlicher Anstieg des Kraftniveaus ein Zeichen für ein nachfolgendes Versagen der Schleifscheibe. Daher ist es in diesem Fall notwendig, der Prozess abzubrechen.

Aus Grund der Schleifkörnerverschleiß nimmt der Kornüberstand im Laufe des Prozesses ab. Dies führt ab einem bestimmten Zustand der Schleifscheibentopographie zu einer Erhöhung der Reibung in der Kontaktzone und folglich zu einer thermischen

Beeinflussung der Werkstückrandzone. Die thermische Beeinflussung der Randzone und die weiterhin hohe Reibung führen zur Ausbildung von Wellen auf der Werkstückoberfläche. Ab diesem Zeitpunkt wird die Stabilität des Prozesses durch die Entstehung von Ratterschwingungen gefährdet.

Im Gegenteil zu den bisher beschriebenen Beobachtungen können die nachfolgenden Merkmale mit den vorhandenen Messmitteln nicht quantitativ erfasst werden. Durch die visuelle Wahrnehmung kann beispielsweise ein baldiger Versagenszustand durch Beobachtung der Konsistenz von dem Kühlschmiermittel in der Kontaktzone erkannt werden. Vor dem Versagen beinhaltet der Kühlschmierstoff eine Nebelwolke mit Dämpfen, die auf eine Erhöhung der Temperaturen aufgrund der Reibungskräfte hindeuten.

Darüber hinaus kann mittels der auditiven Wahrnehmung ein kritischer Zustand erkannt werden. Wobei bei einer abgestumpften Schleifscheibe quietschende Geräusche auf Grund der hohen Reibung entstehen.

5.3 Strukturierung mittels des ECCD-Abrichtverfahrens

Basierend auf die Planschleifuntersuchungen sollen zum Strukturieren Werkzeuge ausgewählt werden, mit denen die höchsten Zerspanvolumina erreicht werden können. Die angestrebte, ideale Strukturen-Geometrie der Werkzeuge ist der Abbildung 5.9 zu entnehmen. Diese Geometrie kann dadurch realisiert werden, indem die seitlichen Entladungen, die bei einer Zustellbewegung in radialer Richtung auftreten, ausgenutzt werden, um trapezförmige Geometrien zu erzeugen. Die Kinematik zur Generierung der Ribletsstrukturen sowie die Prozessparameter sind in Abbildung 5.9 dargestellt.

Die Leerlaufspannung und der Leerlaufstrom werden während der Strukturierungsuntersuchungen bei jeweils U_0=47,9V und I_0=2,64A gehalten. Zunächst wird eine Bewegung der Schleifscheibe in die Graphitelektrode zur Erzeugung von einer ersten Nut bewerkstelligt. Dabei betragen die Schnittgeschwindigkeit und die Vorschubgeschwindigkeit jeweils v_c=1m/s und v_f=0,05mm/min. Die Gesamte Zustellung beträgt a_e=0,5mm.

Nachdem die erste Nut erzeugt wurde, wird die Schleifscheibe in die axiale Richtung versetzt, um dort erneut eine neue Nut herzustellen. Hierbei entspricht dieser Versatz der Breite der Elektrode in Kombination mit der gewünschten Nutbreite, die im weiteren Verlauf Elektrodenversatz ΔZ genannt wird. Im Rahmen dieser Untersuchungen soll der Elektrodenversatz in 3 Stufen variiert werden.

ECCD-Abrichtprozessparamter:
U_0 = 47,9V v_f = 50µm/min
I_0 = 2,64A v_c = 1m/s
a_e = 0,5mm

Kinematik:
Ziel-Geometrie: Vorgehensweise:

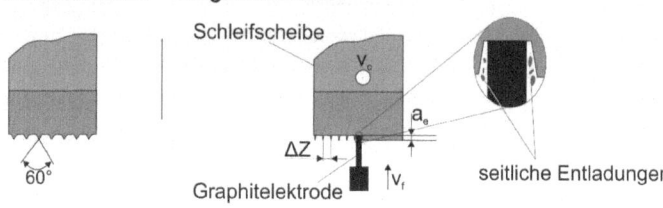

Abbildung 5.9 Kinematik zur Generierung der Riblet-Strukturen

Um die so erzeugten Strukturen qualitativ zu beurteilen, wird im Anschluss zu jedem Profiliervorgang eine Einstechbewegung bei rotierender Schleifscheibe in einem Kunststoffwerkstück durchgeführt, um dort einen Abdruck der Schleifscheibe abzubilden. Mit Hilfe des digitalen Mikroskops kann der Abdruck ausgewertet werden.

5.4 Riblets-Schleifuntersuchungen

Die profilierten Schleifscheiben werden zum Schleifen von Riblet-Strukturen auf dem X20Cr13-Versuchswerkstoff eingesetzt. Zu diesem Zweck wird die Profilversatzstrategie, die in Abschnitt 2.1.2 erläutert wurde, verwendet. Im Rahmen dieser Untersuchungen sollen die Schnittgeschwindigkeit und die Vorschubgeschwindigkeit jeweils in drei Stufen variiert werden. Eine tabellarische Darstellung dieses Versuchsplans ist in Tabelle 5.2 wiedergegeben.

Tabelle 5.2 Versuchsplan der Riblet-Schleifuntersuchungen

Zentralparametersatz	v_c=30m/s; vf=120mm/min; ae=10µm
Variation der Zustellung	v_c=30m/s; vf=120mm/min; ae=20µm
	v_c=30m/s; vf=120mm/min; ae=30µm
Variation der Vorschub-geschwindigkeit	v_c=30m/s; vf=240mm/min; ae=10µm
	v_c=30m/s; vf=360mm/min; ae=10µm

6 Validierung der Charakterisierungsuntersuchungen

Im vorherigen Kapitel werden Methoden zur Charakterisierung von Schleifscheiben vor dem Einsatz vorgeschlagen. Im Rahmen dieses Kapitels werden diese Methoden untersucht und die Größen zu denen Durchführung bestimmt.

Vorbereitung des Grünlings und Herstellung einer Schleifscheibe

Die Ergebnisse zur Ermittlung der Schüttdichten von den eingesetzten Rohstoffen sind in Abbildung 6.1 tabellarisch dargestellt.

Tabelle 6.1 Schüttdichten der Rohstoffe

Werkstoff	Dichte [g/mm³]
cBN B6,3	8,15 e-04
cBN B2	7,85 e-04
Cu-Sn-Bindung	1,14 e-03
SiC #1200	5,23 e-04

Der in diesem Kapitel zu untersuchenden Werkzeug besteht aus cBN-Schleifkörnern, aus SiC Körnern sowie aus der Bindung. Die Rohstoffe werden ausgewogen,

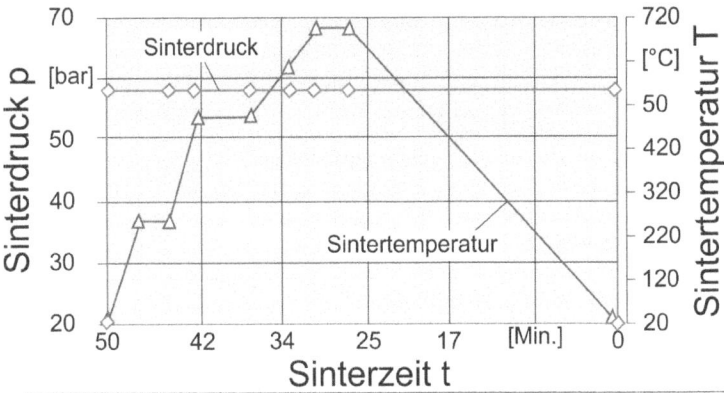

Zusammensetzung:		Sinterergebnisse:	
Schleifkorn:	cBN B6,3 / C125	Endverdichtungsgrad η_V	=0,805
Füllkorn:	SiC#1200 / 10%	Anfangsbreite B_0	=55 mm
Bindung:	Cu-Sn Bindung / 60%	Endbreite $B_{S,ist}$	=10,725 mm

Abbildung 6.1 Brennkurve der Schleifscheibe

zusammengemischt, in die Matrize eingeformt und anschließend gesintert. Die Volumenanteile der Rohstoffe und die Verläufe der Stellgrößen über die Zeit sind in der Abbildung 6.1 dargestellt.

Verdichtungsverlauf und -grad

Aus der Kombination der in Abbildung 6.1 dargestellten Herstellparameter und den verwendeten Werkstoffen ergibt sich der Verdichtungsverlauf der Abbildung 6.2. Die Endverdichtung beträgt $\eta_V=0{,}805$. Das tatsächliche Rohstofffaktor entspricht gemäß der Formel 5.5 $n_{R,ist}=5{,}128$. Es resultiert eine Schleifscheibenendbreite von $B_{S,ist}=10{,}725$mm. Die Schleifscheibenbreitenabweichung ist $\Delta_B= 0{,}725$ mm. Um diese Abweichung zukünftig zu vermeiden, soll bei der Berechnung der Rohlingsmasse der experimentell ermittelte Rohstofffaktor $n_{R,ist}= 5{,}128$ verwendet werden.

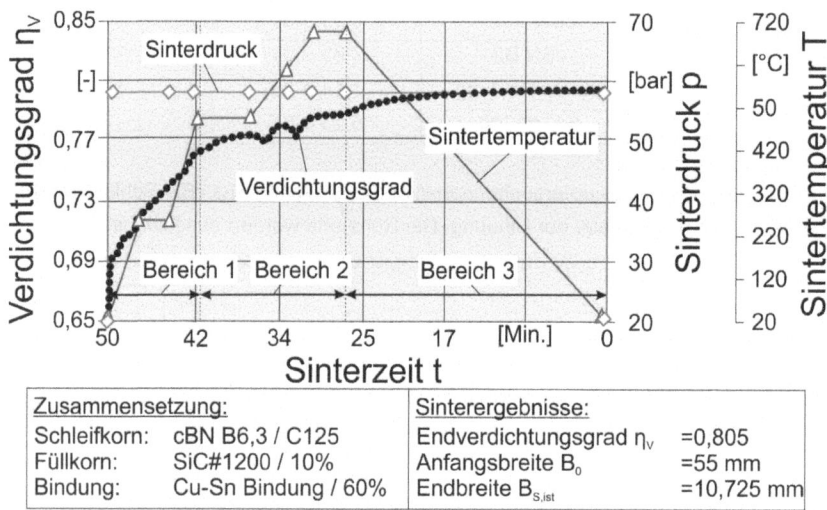

Abbildung 6.2 Stellgrößen- und Verdichtungsgradverlauf über die Zeit

Aus dem Verlauf des Verdichtungsgrades über die Zeit sind die aus der Literatur bekannten 3 Stadien beim Sintern wiederzuerkennen (vgl. Abschnitt 2.3.2). Wobei bis zu einer Sintertemperatur von $T_S=480°C$ eine rasche Verdichtung des Schleifbelags festzustellen ist. Eine weitere aber nicht mehr so schnelle Verdichtung kann bis zu 680°C identifiziert werden. Die dritte Phase fängt ab ca. der vierundzwanzigste Minute an und ist ebenfalls durch eine langsame Endverdichtung gekennzeichnet.

Vom besonderen Interesse bei dem Verdichtungsverlauf in Abbildung 6.2 ist der

Bereich 2. In diesem Bereich ist eine sinusoidale Entwicklung der Verdichtung zu erkennen, die aus mehrmaligen Dekompressionen und darauf folgenden Kompressionen der Mischung besteht. Diese Beobachtung deutet darauf hin, dass, wie bereits aus der Literatur bekannt ist (Vgl. Abschnitt 2.3.2), eine Materialumordnung in diesem Bereich stattfindet.

Um die Intensität der Materialumordnung zu charakterisieren wird wie in Abbildung 6.3 dargestellt der Verdichtungsverlauf in dem Bereich 2 um einen Winkel α gekippt, sodass die Symmetrieachse der Schwingung parallel zu der Zeitachse liegt. Aus dem sich so ergebenden Verlauf werden die maximale und die minimale Amplitude der Schwingung A_{max} und A_{min} abgeleitet. Die Höhe einer Schwingung ΔA, die Dekompression der Mischung in Folge der Materialumordnung darstellt, wird durch Abbilden einer Differenz zwischen der maximalen und der minimalen Amplitude ermittelt:

$$\Delta A = A_{max\_}A_{min} \quad (6.1)$$

Der Verlauf der Schwingung kann darüber hinaus durch die Anzahl der Dekompressionen n_D charakterisiert werden. Beispielhaft sind in Abbildung 6.3 2 Dekompressionsvorgänge zu erkennen. Mit Hilfe der Anzahl der Dekompressionen n_D und der Höhe der maximalen Schwingung ΔA wird die Kenngröße Umordnungsintensität I_U eingeführt, mit der die Materialumordnung sinnvoll quantifiziert werden kann. Die Umordnungsintensität wird wie folgt berechnet:

$$I_U = \Delta A \times n_D \quad (6.2)$$

Die Materialumordnung, die nun durch die Umordnungsintensität I_U quantifiziert werden kann, wird zur Nutze gemacht, um Rückschlüsse über die Homogenität der Kornverteilung sowie über die Stärke der Kornhaltekräfte zu ziehen. Bei aufgeschmolzener Bindung dringt diese zwischen die Kornsammlungen und führt dazu, die einzelnen Körner zu transportieren und voneinander zu separieren. Bei einer hohen Umordnungsintensität tritt dieser Effekt häufiger vor, sodass sich ein Gefüge mit homogen verteilten und gut eingebetteten Körnern resultiert.

Auf der einen Seite führt die ungleichmäßige Verteilung der Schleifkörner zu der Ausbildung von kleineren Spanräumen, die zu einem frühzeitigen Zusetzen des Schleifscheibenbelags während des Schleifprozesses führt. Auf der anderen Seite können die schlecht eigebettete Körner den hohen mechanischen Beanspruchungen bei dem Materialabtrennen nicht standhalten. Daher werden sie frühzeitig aus der Bindung abgerissen. Folglich erzielt eine Schleifscheibe, in deren Bindung die Schleifkörner schlecht eingebettet und inhomogen verteilt sind, einer niedrigeren Abtragleistung. Dabei sollen die Schleifkräfte besonderes hoch sein.

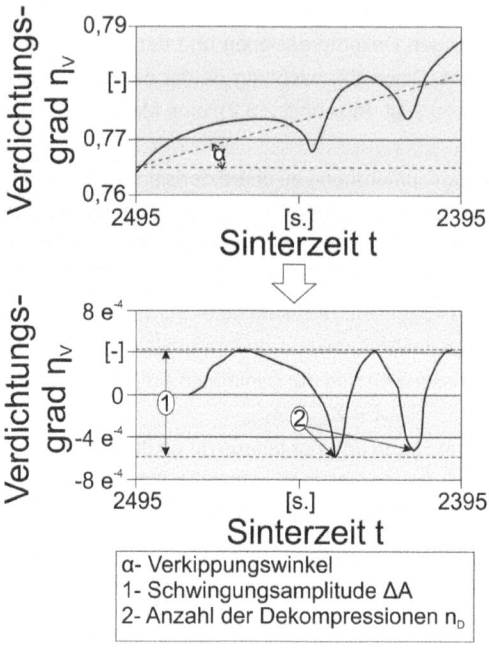

Abbildung 6.3 Vereinfachungsmodell der Umordnungsintensität in dem Bereich 2

Herstellung der Schleifsegmente
Die Schleifsegmente werden unter den gleichen Sinterbedingungen wie die Schleifscheibe hergestellt. Allerdings erfolgt das Sintern in der Sintermatrize 2 (D=100mm). Eine Gegenüberstellung der Verdichtungsverläufe der Segmente und der Schleifscheibe ist in Abbildung 6.4 dargestellt.
Zum einen kann aus dieser Abbildung festgestellt werden, dass der allgemeine Verlauf der Verdichtungskurve reproduzierbar ist. Wobei die Anzahl der Dekompressionen sowie deren Amplitude während Materialumordnungsphase, die zuvor identifiziert wurde, wieder zu erkennen sind. Zum anderen sind die 3 Sinterphasen, die aus der Literatur bekannt sind, auf diesem Verlauf zu erkennen.
Jedoch ist aus der Abbildung 6.4 festzustellen, dass der Endverdichtungsgrad von den Segmente mit η_V=0,811 eine Abweichung von 0,75% aufweist. Aus diesem Grund wird zunächst auf die möglichen Ursachen, die zu dieser Abweichung führen können, eingegangen.

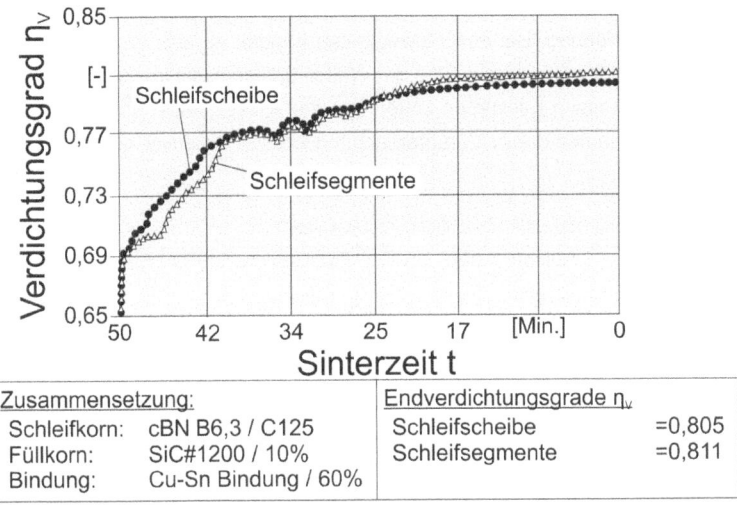

Abbildung 6.4 Reproduzierbarkeit des Verdichtungsverlaufs

Ursachen zur Abweichung des Verdichtungsgrades

Im vorherigen Abschnitt wird gezeigt, dass eine Abweichung zwischen den Verdichtungsgraden von einer Schleifscheibe und den dazugehörigen Segmenten vorliegt. Diese Abweichung kann auf Schwankungen der Sinterprozessparameter sowie auf Pulververluste zurückgeführt werden.
Gemäß Abschnitt 5.1.3 führt eine ungenaue Eingabe der Pressfläche zu dem Aufbau eines fehlerhaften Sinterdrucks Δ_p. Bei dem Sintern in unterschiedlichen Matrizen kann eine relative Abweichung zwischen den Pressflächen eingegeben sein, die zu ungleichen Verdichtungsgraden führen kann.
Wie in Abschnitt 5.1.3 beschrieben, führt eine ungleichmäßige Erhitzung der Sintermatrize sowie eine ungenaue Temperaturreglung zu zufälligen Temperaturschwankungen. Aus diesem Grund können die Abweichungen des Verdichtungsverlaufs auf Über- bzw. Unterhitzungen zurückgeführt werden.
Die Ursachen zur Entstehung von Pulververlusten während des Herstellprozesses sind in Abschnitt 5.1.1 beschrieben. Diese Pulververluste verfälschen die Berechnung des Grünlingvolumens und schließlich die des Verdichtungsgrades.

Versuchsparameter zur Porositätsermittlung

Im Zuge dieses Abschnitts werden die Parameter zu den Porositätsuntersuchungen definiert. Für diesen Zweck steht eine Heizplatte mit verstellbarer Temperatur (20 bis

300°C), die Waage, die in Abschnitt 4.1 beschrieben ist, eine Stoppuhr sowie drei Flüssigkeiten zur Verfügung. Bei den Flüssigkeiten handelt es sich um Wasser, Voltol-Gleitöl 100 sowie der Kühlschmierstoff der Walter-Schleifmaschine, Marcon 2429 S-8. Die für diesen Versuch relevanten Daten der drei Flüssigkeiten sind in Tabelle 6.2 dargestellt. Im Rahmen dieser Voruntersuchung werden die zuvor hergestellten Segmente eingesetzt.

Tabelle 6.2 Technische Daten der verwendeten Flüssigkeiten

Flüssigkeit	Dichte bei 15°C [mg/mm³]	Viskosität bei 40°C [mm²/s]	Siedepunkt [°C]
Wasser	0,984	0,658	≈100
Marcon 2429-S-8	0,782	8,5	Keine Angaben
Voltol-Gleiöl 100	0,857	46	Keine Angaben

Bei dem Abtrennen der Segmente aus dem Schleifring mittels des Wasserstrahlverfahrens nehmen sie einen Anteil an Wasser auf. Dieser soll zunächst ausgedampft werden. Um eine wirksame Abtrocknung zu erzielen und gleichzeitig eine thermische Beeinflussung der Segmente zu vermeiden, wird sich für eine Trocknungstemperatur von T=175°C entschieden. Die Abbildung 6.5 zeigt die Entwicklung der Masse eines Segments über die Zeit, welches auf die Trocknungstemperatur erhitzt wird. Dieser Verlauf wird nachgebildet, in dem die Segmente für eine Zeitperiode T aufgeheizt und dann gewogen werden.

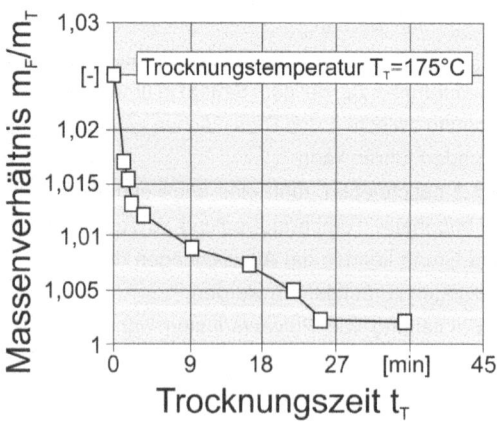

Abbildung 6.5 Vortrocknung der Segmente

Validierung der Charakterisierungsuntersuchungen 61

Eine anfänglich rasche Abnahme der Masse bis zu der zehnten Minute charakterisiert den Trocknungsverlauf auf Abbildung 6.5. In dieser Phase werden starke Ausdämpfe aus dem Segment beobachtet. Danach nimmt die Masse langsam ab. Nach ca. fünfundzwanzig Minuten ist keine Massenabnahme mehr zu messen. Diese Masse entspricht die Anfangsmasse m_0 des Segments. Zur Erhöhung der Messsicherheit werden die Segmente nach dem Abtrennen für 30 Minuten getrocknet.

Nach dem Trocknungsschritt werden die Segmente in die drei vorhandenen Flüssigkeiten eingetaucht und die Entwicklung der Anfangsmasse m_0 über die Zeit beobachtet. Um sicherzustellen, dass die Massenzunahme des Segments tatsächlich durch die in den Poren eingesaugte Flüssigkeit und nicht durch die, die an der Segmentoberfläche haftet, geschieht, wird er vor jedem Auswiegevorgang mit einem Tuch abgetupft. Die durch diese Maßnahme entstandenen Messungenauigkeiten sollen durch die mehrmalige Wiederholung der Versuche minimiert werden. Die Abweichung dieser Messungen wird im weiteren Verlauf diskutiert.

Der Verlauf zur Massenzunahme durch Eintauchen in die drei Flüssigkeiten ist der Abbildung 6.6 zu entnehmen. Zu beobachten ist, dass die Masse des Schleifsegments, der in Kühlschmierstoff eingetaucht wird, sich nach 5 Minuten nicht mehr ändert. Durch Einsatz des Gleitöls wird circa doppelt soviel Zeit benötigt als für den Kühlschmierstoff, um einen stationären Zustand zu erreichen. Des Weiteren zeigt der Verlauf der Massenentwicklung von dem in Wasser eingetauchten Segment einen sehr langsamen Anstieg, der nach 10 Minuten bei nur 2% liegt. Daher ist Wasser für diese Untersuchung ungeeignet.

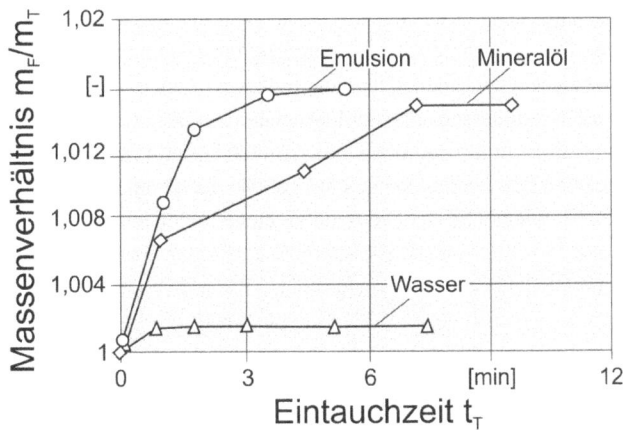

Abbildung 6.6 Entwicklung der Segmentmasse über die Zeit

Die zu dem anschließenden Trocknungsvorgang entsprechender Massenentwicklung über die Zeit ist in Abbildung 6.7 dargestellt. Es stellt sich heraus, dass, um das Gleitöl zu dämpfen und die Anfangsmasse des Segments m_0 wieder zu erreichen, eine ziemlich lange Zeit benötigt wird. Im Gegensatz hierzu kann nach einer Abtrocknungszeit des in Kühlschmierstoff eingetauchten Segments von mehr als 17 Minuten beobachtet werden, dass die gesamte eingesaugte Flüssigkeit ausgeschieden wird.

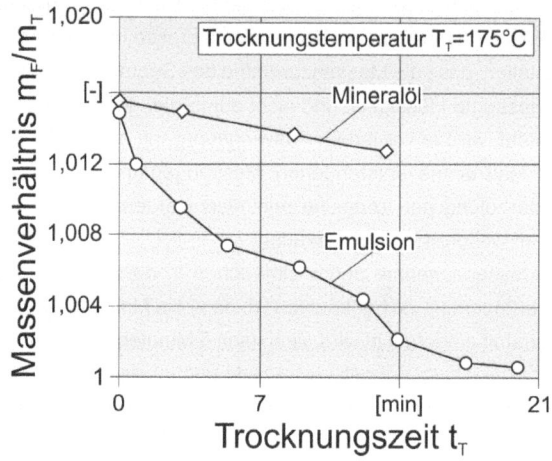

Abbildung 6.7 Trocknung der Segmente nach dem Eintauchen

Die Kapillarkräfte sind der treibende Effekt zum Aufnehmen von Flüssigkeiten durch porösen Körper. Diese Kräfte stehen in einem direkten Zusammenhang mit der Viskosität. Daher lassen sich die Unterschiede der Einsaugvermögen von den untersuchten Flüssigkeiten auf ihre unterschiedlichen Viskositäten zurückführen. Das Ausscheiden von den in den Poren aufgenommenen Flüssigkeiten in Form von Dämpfen geschieht nach dem Erreichen des Siedepunktes. Laut Tabelle 6.2 ist der Siedepunkt des Gleitöls und des Kühlschmierstoffs nicht vorhanden. Zu vermuten ist, dass bei der Abtrocknungstemperatur T=175°C keine Gleitöl-Dämpfe entstehen. Daher wird die aufgenommene Menge an Gleitöl in der Trocknungszeit t=17 Minuten nicht ausgeschieden. Im Gegenteil hierzu lassen sich bei T=175°C Dämpfe des Kühlschmierstoffs beobachten. Aus der hier durchgeführten Untersuchung geht hervor, dass der Kühlschmierstoff sich zur Messung der Porosität der Segmente eignet. Dabei sollen vor Beginn des Versuchs die Segmente für 30 Minuten getrocknet werden. Die Eintauch- und die anschließende Abtrocknungszeit unter 175 °C betragen jeweils 7 Minuten und 20 Minuten. Diese Daten sind in Tabelle 6.3 zusammengefasst.

Tabelle 6.3 Parameter zur Durchführung der Porositätsuntersuchungen

Flüssigkeit	Marcon 2429 S-8
Vortrocknungszeit	30 Minuten
Eintauchzeit	7 Minuten
Abtrocknungszeit	20 Minuten

Porosität

die Zuverlässigkeit des Trocknungsverfahrens sowie die Reproduzierbarkeit der aufgenommenen Flüssigkeitsmenge werden zunächst überprüft. In Abbildung 6.8 sind sowohl die gewogenen Massen eines Segments nach jedem Abtrocknungsvorgang als auch die nach jedem Eintauchvorgang dargestellt. Hieraus ist festzustellen, dass das Segment die gleiche Menge an Flüssigkeit während jedes Eintauchvorgangs einnimmt. Wobei die Standartabweichung aller gewogenen Massen bei $\sigma=0,0005g$ liegt. Im Gegenteil dazu, wird die Ausgangsmasse m_0 in der 20-minutigen Abtrocknungszeit während der drei Versuche nicht wieder erreicht. Da durch die Vortrocknung die geringste Masse gemessen wurde, wird diese als Anfangsmasse m_0 angenommen. Um zukünftig die gesamt eingesaugte Flüssigkeitsmenge zu dämpfen, wird die Trocknungszeit auf 30 Minuten erhöht.

Die Abbildung 6.9 zeigt ein Berechnungsbeispiel der zur Porositätsermittlung benötigten Größen. Auf dieser Abbildung wird von der Grünlingmasse m_R, dem Anfangsvolumen V_0 und dem Verdichtungsgrad η_V ausgegangen, um mit Hilfe der Formel 5.19 die Dichte des Belags ρ_S zu berechnen. Mit der Dichte und der Anfangsmasse m_0 wird gemäß der Formel 5.20 das Volumen jedes Segments berechnet. Um die Flüssigkeitsmasse m_P zu berechnen, wird ein Mittelwert aus den drei Massen nach dem Eintauchen m_F gebildet und aus der Anfangsmasse subtrahiert. Anschließend kann das Porenvolumen bzw. die Porosität mit der Flüssigkeitsmasse ermittelt werden. Es ergibt sich eine Porosität der Segmente von $P_\%=7,2\%$ auf. Die Standardabweichung liegt bei 1,3%.

Durch die Ermittlung der Porosität von den zu untersuchenden Schleifscheiben kann ein besseres Verständnis deren Einsatzverhalten gewonnen werden. Porösere Schleifscheiben ermöglichen eine bessere Abfuhr der Späne aus der Kontaktzone, um somit ein frühzeitiges Zusetzten zu vermeiden. Darüber hinaus kann bei poröseren Schleifscheiben das Kühlschmiermittel in die Kontaktzone besser zugeführt werden, um dadurch die Prozesstemperaturen niedrig zu halten.

Validierung der Charakterisierungsuntersuchungen

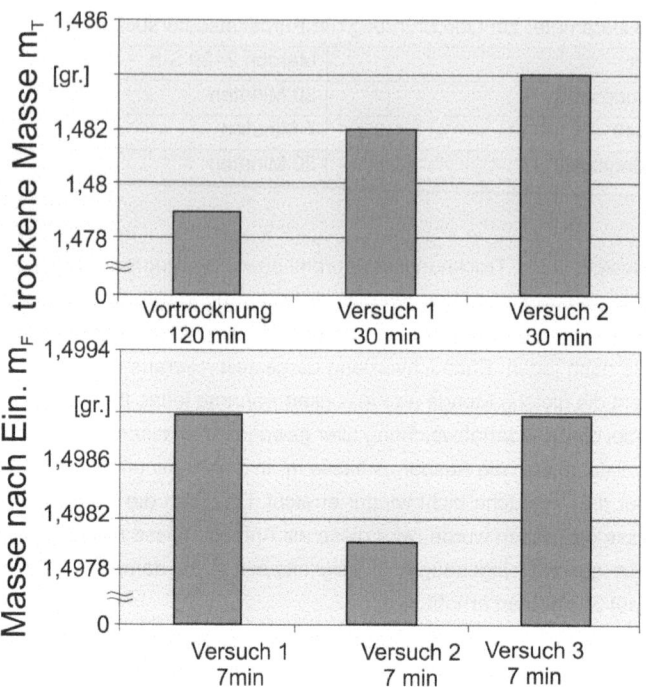

Abbildung 6.8 Reproduzierbarkeit zur Messung der Porosität

Sinterergebnisse:

Verdichtungsgrad η_v	=0,811
Grünlingsmasse m_R	=67,531 Gr.
Anfangsvolumen V_0	=69058,58 mm³
Endvolumen V_s	=13052,07 mm³
Dichte ρ_s	=5,174 e^{-03} Gr./mm³

Berechnung der Porosität:

Segment	m_0 [Gr.]	V_0 [mm³]	m_F [Gr.]	Δm [Gr.]	V_F [mm³]	$P_{\%,Segment}$ [%]	Porosität P%	σ [%]
1	1,481	286,24	1,499	0,018	22,585	7,89	7,84	1,28
2	1,587	306,73	1,602	0,015	19,176	6,252		
3	1,457	281,6	1,477	0,021	26,42	9,382		

Abbildung 6.9 Berechnungsbeispiel der Porosität

Validierung der Charakterisierungsuntersuchungen

Eindringversuche

In diesem Abschnitt wird gemäß der Vorgehensweise in Abschnitt 5.1.5 die Widerstandskraft, mit der ein Segment das Eindringen einer Diamantspitze entgegenwirkt, experimentell ermittelt. In Abbildung 6.10 sind die Mittelwerte der gemessenen Wiederstandkräfte von jedem Segment und deren Abweichungen dargestellt. Jeder Eindringrichtung entsprechend wird zunächst ein Mittelwert berechnet. Zu beobachten ist, dass die etablierten Mittelwerte sowohl in axialer und tangentialer als auch in radialer Richtung näherungsweise gleich sind. Dabei liegt die maximale Standardabweichung dabei bei 3 N. Aus diesem Grund und da die Widerstandskraft in radialer Richtung beim Umfangsplanschleifen eine große Bedeutung hat, wird nur diese Kraft in dem weiteren Verlauf betrachtet.

Segment	Ax. Richtung		Tan. Richtung		Rad. Richtung	
	F [N]	σ[N]	F [N]	σ [N]	F [N]	σ [N]
1	22,99	1,99	24,93	2,8	24,93	2,8
2	18,47	1,01	21,64	2	21,64	2
3	25,51	0,48	23,74	5,34	23,74	5,34
Mittelwert	22,32	2,9	23,44	1,36	23,44	1,36

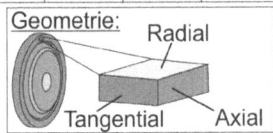

Abbildung 6.10 Ergebnisse der Eindringversuche

Die gewonnen Daten aus dem Eindringversuch können als ein Kriterium zur Beurteilung des abrasiven Verschleißes einer Schleifscheiben gelten, der durch die abgetrennten Späne in der Kontaktzone hervorgerufen wird. Mit der Widerstandskraft, mit der die Schleifscheibe dem Eindringen von einer Diamantspitze entgegenwirkt, wird das Eindringen der abrasiven Späne in der Bindung und der daraus resultierender Verschleiß gehemmt. Daher sind Schleifscheiben mit hohen Widerstandkräften besonderes verschleißfest.

Bruchversuche

Für die Durchführung dieses Versuchs wird eine Vorschubgeschwindigkeit von v_f=1mm/min ausgewählt. Ein Beispiel von den sich ergebenden Verläufe ist der Abbildung 6.11 zu entnehmen. Dieser Verlauf charakterisiert sich durch einen progressiven, linearen Anstieg bis zu einer höchsten Kraft und einen abrupten Abstieg. Dieser Zeitpunkt entspricht dem Bruch des Segments. Die höchst gemessene Kraft wird als Bruchkraft F$_B$ definiert. Der Mittelwert der Bruchkräfte der drei Segmente und ihre Standardabweichung liegen jeweils bei F$_B$=404N und σ$_B$=23N.

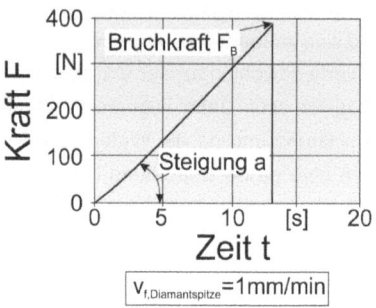

Abbildung 6.11 Bruchverlauf und –kraft

Der lineare Anstieg der Bruchkräfte kann zunächst mit Hilfe einer Gerade

$$F(w) = aw \quad (6.3)$$

beschrieben werden. Die Steigung a stellt den Kraftanstieg in Abhängigkeit der mit der Maschine gefahrenen Strecke w dar. Diese wird wie folgt berechnet:

$$a = \frac{F_2 - F_1}{v_f(t_1 - t_2)} \quad (6.4)$$

Wobei die Indizien 1 und 2 für die Kraft F zu einem Zeitpunkt t an zwei beliebigen Punkten auf der Gerade darstellen. Aus den berechneten Steigungen wird die Mittelwert $\bar{a}$ sowie die Standardabweichung σ etabliert. Diese entsprechen jeweils $\bar{a} = 2079 \frac{N}{mm}$ und $\sigma = 143{,}34 \frac{N}{mm}$.

Die Abbildung 6.12 stellt eine Modellierung des Systems von dem Versuchsaufbau dar. Wobei der Segment einem Balken mit einer Länge l und einem Querschnitt A ($A = h \times b$) entspricht. Es wird angenommen, dass die durch die Diamantspitze ausgeübte Kraft auf die Symmetrieebene des Segments liegt, und dass die Stützflächen an seine Randen durch zwei lose Lagerungen vereinfacht dargestellt werden können. Diese Modellierung entspricht einem biegebeanspruchten Balken mit einem konstanten Querschnitt A und einer Länge l, der an seine beiden Enden los gelagert ist. Da dieses System statisch unterbestimmt ist, wird für die folgenden Berechnungen angenommen, dass der Balken durch eine feste und lose Lagerung statisch bestimmt ist, und

Validierung der Charakterisierungsuntersuchungen

dass die Kraft von der Diamantspitze eine reine Durchbiegung hervorruft (Vgl. Abbildung 6.12). Laut der Formel 6.3 ist diese Durchbiegung größer je höher die Kraft ist. Bei der Bruchkraft F_B ist diese am höchsten. Daher entspricht die maximale Biegung des Segments laut Formel 6.3:

$$w_{max} = \frac{F_B}{a} \qquad (6.5)$$

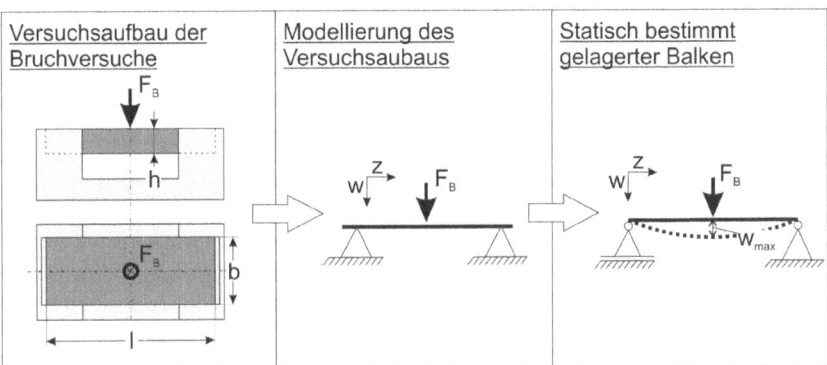

Abbildung 6.12 Modellierung des Bruchversuchsaufbaus / statisch bestimmter System

Gemäß der Festigkeitslehre wird die Durchbiegung w des Modells in Abbildung 6.12 an einer Stelle z mit der folgenden Formel beschrieben:

$$w(z) = \frac{Fl^3}{3EI}\left(\frac{z}{l}\right)^2\left(\frac{l-z}{l}\right)^2 \qquad (6.6)$$

Wobei I und E jeweils das Flächenträgheitsmoment und den Elastizitätsmodul des Balkens, der einer Kraft F ausgesetzt ist, darstellen. Diese Durchbiegung ist in der Mitte des Balkens am höchsten $w(z)_{max} = w(\frac{l}{2})$. Die maximale Durchbiegung entspricht laut der Formel 6.6:

$$w_{max} = w\left(\frac{l}{2}\right) = \frac{Fl^3}{48\,EI} \qquad (6.7)$$

Mit Hilfe der Formel 6.5 und 6.7 kann die Biegefestigkeit EI wie folgt berechnet werden:

$$EI = \frac{Fl^3}{48 w_{max}} \qquad (6.8)$$

Das Flächenträgheitsmoment lässt sich mit der Formel:

$$I = \frac{b^3 h}{12} \qquad (6.9)$$

ermitteln. Folglich kann der Elastizitätsmodul E eines Segments wie folgt berechnen:

$$E = \frac{12\,EI}{b^3 h} \tag{6.10}$$

Für die untersuchten Segmente entspricht der Elastizitätsmodul E=1,3e+09N/m² und die Standardabweichung σ=2,33e+08N/m². Der Elastizitätsmodul E kann für die Beurteilung der Steifigkeit und infolgedessen der Schwingungsfähigkeit einer Schleifscheibe während des Einsatzes herangezogen werden. In diesem Zusammenhang wird erwartet, dass eine dämpfende Schleifscheibe geringere Kräfte in die tangentiale und in die normale Richtung bei dem Materialtrennen hervorruft.

Fazit

In diesem Kapitel wird die Machbarkeit der Methoden zur Charakterisierung der Schleifscheiben vor dem Einsatz erfolgreich validiert. Dabei wird angenommen, dass die herstellungsspezifischen Abweichungen zwischen den Schleifscheiben und den dazugehörigen Segmenten und die daraus resultierenden Abweichungen ihrer Eigenschaften vernachlässigbar sind. Aus diesem Grund werden die gewonnenen Daten aus den Segmenten-Untersuchungen auf die Schleifscheiben übertragen. Die Gültigkeit dieser Annahme wird in einem weiteren Kapitel diskutiert.

Übersicht über die Ergebnisse der
Charakterisierungsuntersuchungen:

Porosität	$P_{\%}$=7,2	σ=1,3
Elastizitätsmodul	E=1,3 e+09 N/m²	σ=2,33 e+08 N/m²
Verschleißfestigkeit	F=173,1 N	σ=8,4 N
Homogenität/ Kornhaltekräfte	I_U=2,1	
	η_V=0,805	

Schleifscheibenmodell:

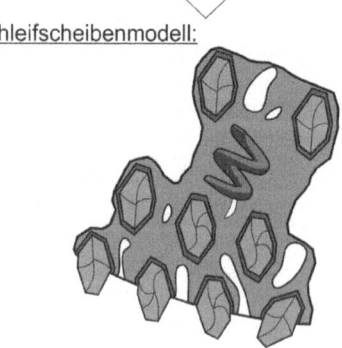

Abbildung 6.13 Schleifscheibenmodell

Basierend auf die mit Hilfe der Charakterisierungsuntersuchungen gewonnen Daten werden maßgebliche Eigenschaften von den Schleifscheiben hinsichtlich ihre Einsatzverhalten beim Schleifen abgeleitet. Für eine bessere Übersicht dieser Eigenschaften wird für jede Schleifscheibe ein Modell abgebildet. Hierbei handelt es sich um eine schematische Darstellung der Schleifscheibe im Mikrobereich, die Daten über die Verteilung der Schleifkörner und ihre Haltekräfte, über den Elastizitätsmodul, sowie über die Verschleißfestigkeit und die Porosität beinhaltet. Auf Basis der Ergebnisse von der im Rahmen dieses Kapitels untersuchten Schleifscheibe ergibt sich das Modell in Abbildung 6.13.

In dem Schleifscheibenmodell werden die Gleichmäßigkeit der Körner- und Porenverteilung sowie die Kornhaltekräfte aus der Umordnungsintensität abgeleitet. Wobei die Höhe der Kornhaltekräfte durch die Oberflächen, von der die Schleifkörner umhüllt, schematisch dargestellt ist. Je größer diese Fläche ist, desto fester sind die Körner in die Bindungsmatrize eingebettet. Die weißen Flecken stellen die Poren dar. Der Anteil dieser Flecken entspricht der experimentell ermittelten Porosität. Während die orangene Farbe die Bindungsverschleißfestigkeit kennzeichnet, veranschaulicht die Feder die Dämpfung des Schleifbelags. Im weiteren Verlauf der Arbeit werden auf der einen Seite dunklere Bindungsfarben für die Schleifscheiben mit höherer Verschleißfestigkeit verwendet. Auf der anderen Seite wird die Dicke der Feder für die Symbolisierung der Schwingungsfähigkeit dienen. Da die Schleifscheiben mit niedrigerem E-Modul besonders dämpfend sind, wird das dazugehörige Modell mit einer dünneren Feder versehen.

7 Charakterisieren und Einsatz der Schleifscheiben

Dieses Kapitel widmet sich der Charakterisierung und Einsatz der selbsthergestellten Versuchswerkzeuge. Die Schleifscheibeneigenschaften, die aus den Charakterisierungsuntersuchungen gewonnen werden, sollen dazu verwendet, das Einsatzverhalten der Schleifscheiben zu erklären. Auf die Beeinflussung dieser Eigenschaften durch den Herstellprozesses wird in einem weiteren Kapitel eingegangen.
Die Herstellung der Werkzeuge wird in drei Schritten durchgeführt. Die Herstellparameter der ersten 3 Schleifscheiben (Basis Schleifscheiben) werden gemäß bekannter Zusammenhänge aus der Literatur sowie einer Voruntersuchung ausgewählt. Auf Basis der Untersuchungen mit den Basisschleifscheiben sollen gezielte herstellungstechnische Anpassungen der weiteren 3 Schleifscheiben und spezifikationstechnische Anpassungen der letzten 4 Schleifscheiben erfolgen.
Zur Charakterisierung der Schleifscheiben erfolgt eine Reihe von Untersuchungen an Schleifsegmenten. In diesem Kapitel wird daher davon ausgegangen, dass die Schleifscheiben und die dazugehörigen Segmenten identische Eigenschaften haben.
Mithilfe der aus den Charakterisierungsuntersuchungen gewonnen Daten sollen wie in Kapitel 6 eingeführt Schleifscheibenmodelle abgeleitet werden. Diese Modelle sind übersichtliche, schematische Darstellungen der Schleifscheiben im Mikrobereich, die das Antizipieren der Einsatzverhalten von den Werkzeugen ermöglichen.
Die Parameter zum kontakterosiven Planabrichten aller Schleifscheiben werden während aller Schleifuntersuchungen konstant gehalten. Darüber hinaus werden für eine einheitliche Auswertung der Schleifversuche bezogene Kenngrößen verwendet. Wobei das zerspante Volumen V_w über die Eingriffsbreite a_p und die Prozesskräfte sowohl über die Eingriffsbreite a_p als auch über die Kontaktlänge zwischen Schleifscheibe und Werkstück l_g bezogen werden.
Zur Auswertung der Einsatzverhalten der Schleifscheiben werden sie in 3 Gruppen aufgeteilt. Diese Aufteilung richtet sich nach den drei Herstellungsschritten. Für eine bessere Übersicht bei der Betrachtung der Schleifscheibenmodelle werden diese so abgebildet, dass sie nur im Rahmen der entsprechenden Gruppe gelten.

7.1 Voruntersuchung zum Einfluss des Sinterdrucks

Im Rahmen dieser Voruntersuchung werden zwei Schleifscheiben mit variiertem Druck hergestellt und zum Planschleifen von X20Cr13 eingesetzt (Vgl. Abschnitt 5.1.4). Hierbei werden die in Kapitel 6 eingeführten Charakterisierungsmethoden nicht eingesetzt. Die Abbildung 7.1 zeigt der Verlauf von den Normalkräften über das bezogene Zerspanvolumen. Darüber hinaus sind auf dieser Abbildung die G-Werte beim Schärfen der Schleifscheiben zu entnehmen. Diese Größe dient dazu, das zum Abtragen einer Volumeneinheit aus einer Schleifscheibe benötigte Schärfrollenvolumen zu definieren. Es wird, wie in Abschnitt 5.1.4 erwähnt, dafür gesorgt, dass durch einen gleichen Überdeckungsgrad U_d, ein gleiches Geschwindigkeitsverhältnis q_d sowie eine gleiche Zustellung a_e die Schleifscheiben unter den gleichen Bedingungen geschärft werden.

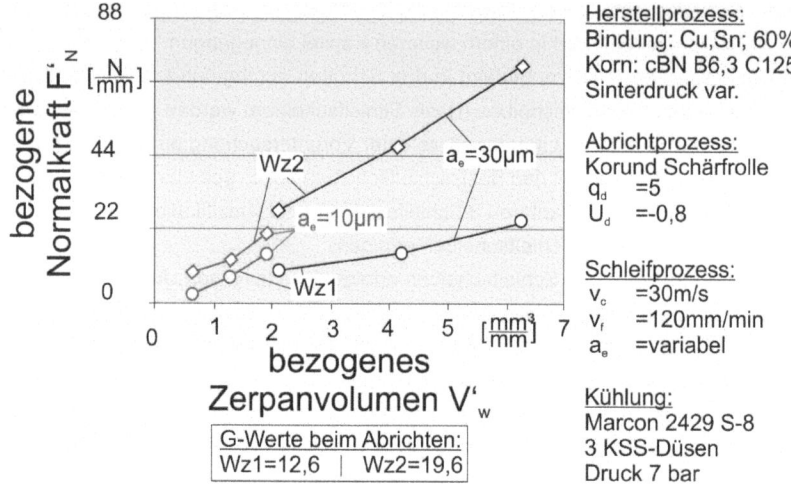

Abbildung 7.1 Ergebnisse der Schleifvoruntersuchungen

Gemäß Abbildung 7.1 liegen die G-Werte der Schleifscheibe 01 mit 12,6 um 36% geringer als die der Schleifscheibe 02. Zur Erklärung dieser Beobachtung wird zunächst auf den Mechanismus, der während des Schärfens stattfindet, eingegangen. Wie bereits in Abschnitt 5.1.4 erwähnt, erfolgte das Schärfen mit Hilfe einer Al_2O_3-Rolle. In der Kontaktzone werden die Al_2O_3-Körner durch die cBN-Schleifkörner aus der Schärfrolle abgetragen. Diese losen Körner führen durch ihre abrasive Wirkung zu einem Bindungsmaterialabtrag. Basierend auf diesem Geschehen können die unterschiedlichen G-Werte beim Schärfen beider Schleifscheiben auf eine Beeinflussung der Spanräume oder der Bindung zurückgeführt werden.

Aus der ersten Hinsicht kann von einer so hohen Verdichtung des Belags der Schleifscheibe 02 ausgegangen werden, dass im Vergleich zu der Schleifscheibe 01 kleinere Spanräume zwischen den Schleifkörnern vorliegen. Somit gelangen deutlich weniger Al_2O_3-Körner während des Schärfens zwischen die cBN-Körner und folglich erhöht sich der G-Wert. Mit der Beeinflussung der Bindung können Eigenschaften, wie Beispielsweise Festigkeit oder Elastizitätsmodul betroffen werden. Daher ist der erhöhte Aufwand beim Schärfen der Schleifscheibe 02 das Ergebnis von einer Überlagerung von gleichzeitig beeinflussten Eigenschaften.

Höhere G-Werte beim Schärfen der Schleifscheibe 02 bedeuten weniger Bindungsmaterialabtrag als die Schleifscheibe 01. So wird durch das Konditionieren der beiden Schleifscheiben unter denselben Parametern weniger Bindung aus der Schleifscheibe 02 zurückgesetzt. Dies führt dazu, dass die Schleifscheibe 02 nach dem Schärfen über einen geringeren Kornüberstand und kleinere Spanräume verfügt, die während des Schleifprozesses sich schneller zusetzen. Somit sollen die durch die Schleifscheibe 02 hervorgerufenen Zerspankräfte bei hohen Zerspanvolumina besonderes hoch sein. Dieser Ansatz scheint aus den Verläufen der bezogenen Normalkräfte der beiden Schleifscheiben bestätigt zu sein. Wobei während des Einsatzes der Schleifscheibe 02 bei einer Zustellung von a_e=10µm sowie a_e=30µm Kräfte um jeweils 53% und 168% höher gemessen wurden.

Zwischenfazit

Die Voruntersuchung zeigt, dass unter variierten Druck gesinterten Schleifscheiben unterscheidbare Einsatzverhalten aufweisen. Dies lässt sich zum größten Teil auf die Beeinflussung der Schleifscheibeneigenschaften durch den Herstellprozess zurückführen. Die unterschiedlichen Eigenschaften der Werkzeuge führen wiederum zur Veränderung der Abrichtbedingungen, was auf die dabei generierte Topographie und demzufolge auf die Einsatzverhalten eine große Wirkung ausübt.

Darüber hinaus wird durch diese Voruntersuchung veranschaulicht, dass die Auswertung der Kräfte und des Verschleißes von den Werkzeugen zum Verständnis von dem Einfluss des Herstellprozesses auf die Schleifscheibeneigenschaften unzureichend ist. Daher sind umfangreiche Untersuchungen mit Hilfe der entwickelten Charakterisierungsuntersuchungen unabdingbar.

7.2 Herstellparameter der Basis-Schleifscheiben

Eine der 3 Basis-Schleifscheiben soll als ein Referenz-Werkzeug dienen. Darüber hinaus soll mit Hilfe eines anderen überprüft werden, ob die Sinterphänomene, die in Kapitel 2.3.2 beschrieben sind, auch während des Sinterns von Schleifscheiben mit den vorhandenen Mess- und Auswertemitteln zu identifizieren sind. Die dritte Schleifscheibe soll dazu dienen, den Einfluss des Drucks näher zu betrachten.

Wie im vorherigen Abschnitt festgestellt, sind die Prozesskräfte bei dem Einsatz der Schleifscheibe, die mit den vom Bindungszulieferer empfohlenen Sinterparametern hergestellt wurde, deutlich niedriger. Aus diesem Grund wird die Referenz-Schleifscheibe, die im folgenden Verlauf Schleifscheibe DA-1 genannt wird, mit diesen Parametern hergestellt.

In Abschnitt 2.3.2 ist die Rede davon, durch eine Materialumordnung während der Existenz einer Schmelze in der Mischung die Gefügehomogenität und dadurch die mechanischen Eigenschaften positiv zu beeinflussen. Darüber hinaus wird die Umordnung durch eine höhere Verdichtung des Belags und eine bessere Benetzung der Schleifkörner begleitet. Um dies zu überprüfen, wird die Verweilzeit (Segment 7) der zweiten Schleifscheibe, die im Folgenden Schleifscheibe DA-2 genannt wird, verlängert. Hierdurch wird erwartet, dass die Materialumordnung über eine längere Zeit stattfindet und die Leistung dieser Schleifscheibe steigt.

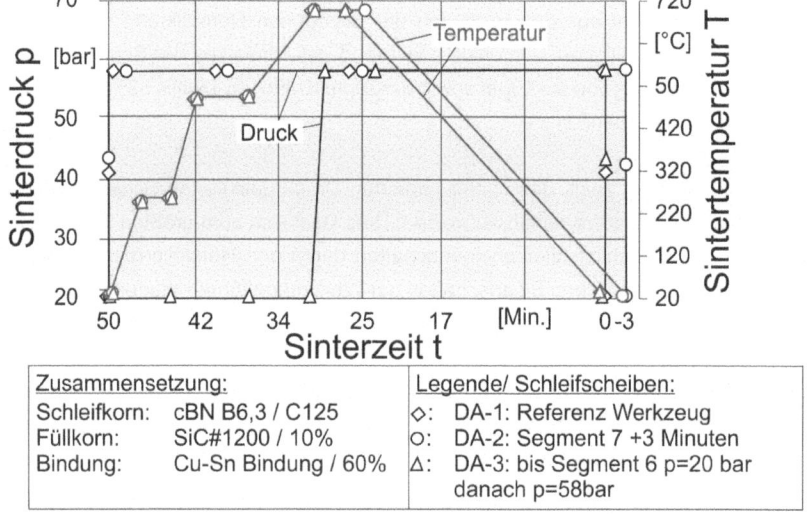

Abbildung 7.2 Sinterkurven und Zusammensetzung der Basis-Schleifscheiben

Des Weiteren wird aus den Voruntersuchungen abgeleitet, dass eine Erhöhung des Sinterdrucks einen Einfluss auf die Eigenschaften der Schleifscheiben zur Folge hat. Zur genauen Betrachtung dieses Einflusses sollen zuerst Erkenntnisse über den Einfluss des Drucks unter anderen Sinterstrategien gewonnen werden. Daher wird bei der Herstellung der Schleifscheibe DA-3 der Sinterdruck in einem ersten Schritt, von Beginn des Sinterprozesses bis zu Beginn der Verweilzeit, auf 20 bar gehalten. Der zweite Schritt, währenddessen der Druck auf dem Referenzdruck erhöht wird, läuft ab der Verweilzeit bis zum Ende des Sinterprozesses ab. Der Hintergrund dieser Umstel-

Schleifen mit den Basis Schleifscheiben 75

lung ist zu überprüfen, ob ein homogeneres Gefüge während der ersten Phase einstellt. Der Zweite Schritt ist dafür vorgesehen, eine Art Einfrierung des Gefügezustandes der ersten Phase sowie die Endverdichtung zu erzielen.
Die Sinterkurven der 3-Basis Schleifscheiben sind in Abbildung 7.2 dargestellt. Diese Schleifscheiben werden im Rahmen des nächsten Abschnitts charakterisiert und zum Umfangsplanschleifen eingesetzt.

7.3 Schleifen mit den Basis Schleifscheiben

Charakterisierungsuntersuchungen
Die Abbildung 7.3 stellt eine Übersicht über die aus den Charakterisierungsuntersuchungen gewonnenen Daten dar. Zu sehen auf dieser Abbildung sind darüber hinaus die Schleifscheibenmodelle, die basierend auf diese Daten abgebildet sind.

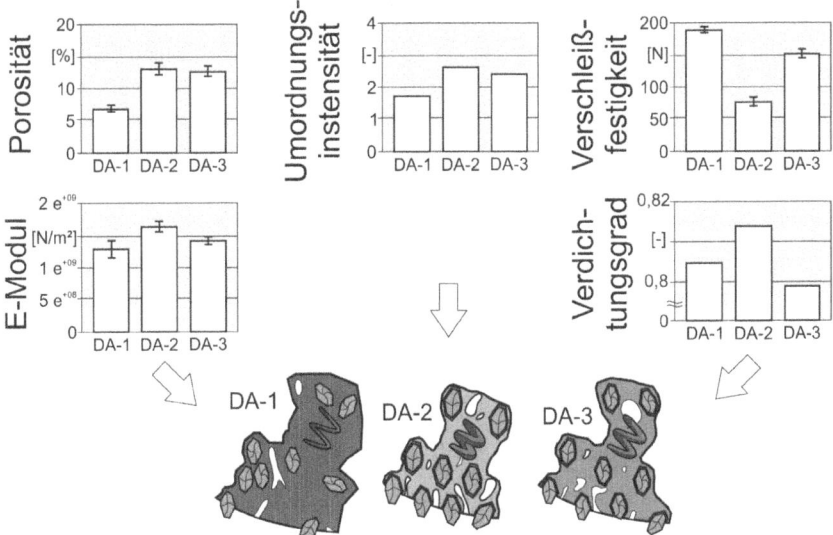

Abbildung 7.3 Ergebnisse zur Charakterisierungsuntersuchungen der Basis Schleifscheiben

Die Schleifscheibe DA-1 weist die niedrigste Umordnungsintensität auf. Aus diesem Grund sind die Haftung der Körner niedriger und die Korn-sowie die Porenverteilung inhomogener als die der Werkzeuge DA-2 und DA-3. Die Schleifscheibe DA-2 hat den höchsten Verdichtungsgrad. Demzufolge ist der Aufbau dieser Schleifscheibe am kompaktesten. Die Schleifscheiben DA-2 und DA-3 weisen eine um ca. 80% höhere Porosität als die Schleifscheibe DA-1. Aus diesem Grund sind die Modelle dieser Schleifscheiben mit einem höheren Anteil an weißen Flecken in der Abbildung 7.3 versehen. Die Schleifscheibe DA-1 weist den niedrigsten Elastizitätsmodul auf. Daher ist das entsprechende Modell durch eine dünnere, schwingungsfähigere Feder vorgesehen. Bei den Schleifscheiben DA-2 und DA-3 sind die E-Module um jeweils 20% und 7% höher. Aus diesem Grund ist die Schwingungsfähigkeit der Schleifscheibe DA-2 am schlechtesten. Aus den Eindringversuchen geht hervor, dass die Schleifscheiben DA-1 am verschleißfestesten ist. Im Gegensatz dazu weist die Schleifscheibe DA-2 die niedrigste Verschleißfestigkeit auf. Aus diesen Gründen sind die Bindungen der Schleifscheiben DA-1 und DA-2 durch die dunkelste und die hellste Farben versehen.

Einsatz der Basis-Schleifscheiben zum Umfangsplanschleifen

Die Abbildung 7.4 stellt die Verläufe der bezogenen Normalkraft F''_N, und des Kraftverhältnisses der tangentialen Kraft μ ($\mu = F_T/F_N$) in Abhängigkeit des bezogenen Zerspanvolumens V'_w. Während die Normalkraft durch die mechanischen Beanspruchungen der Schleifscheibe aufgrund der Zustellung in radialer Richtung hervorgerufen wird, lässt die Tangentialkraft Aussagen über die von den Schleifkörnern zum Abtrennen des Materials benötigte Kraft zu. Das Verhältnis der Tangential zu der Normalkraft ermöglicht es, Rückschlüsse über den Verschleißzustand der Schleifkörner zu ziehen. Dabei bedeuten höhere Kraftverhältnisse eine schleiffreudigere Schleifscheibe.

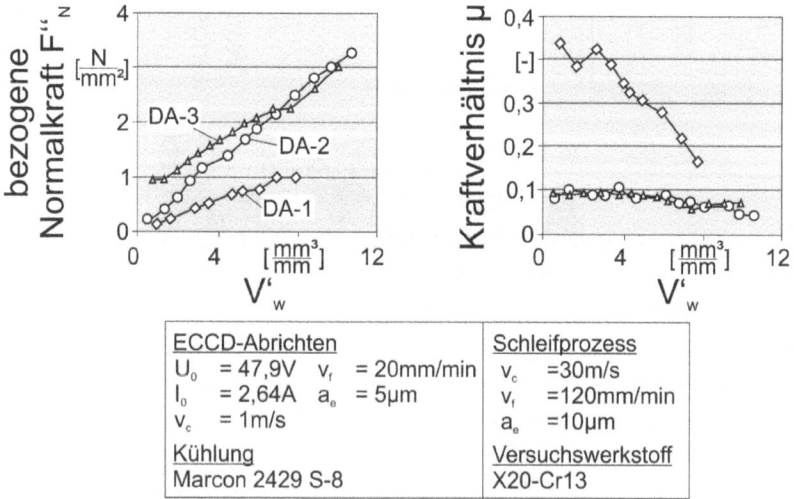

Abbildung 7.4 Verläufe der Prozesskräfte

Mit einem Mittelwert von $F''_N=0,6N/mm.mm$ weist die Schleifscheibe DA-1 die niedrigste Normalkraft auf. Die Mittelwerte der Normalkräfte von den Schleifscheiben DA-2 und DA-3 sind näherungsweise gleich. Die flachste Steigung der Normalkraftverlauf wird bei dem Einsatz von der Schleifscheibe DA-1 beobachtet. Die Normalkraft bei dem Einsatz der Schleifscheibe DA-2 steigt über das zerspante Volumen am raschsten. Die Gegenüberstellung der Verhältnisse von den Tangential- zu den Normalkräften zeigt, dass die Schleifscheibe DA-1 über eine deutlich höhere Schleiffreudigkeit verfügt und dass die Entwicklung der Kraftverhältnisse von den Schleifscheiben DA-2 und DA-3 identisch sind.

Begründung der Einsatzverhalten der Basis-Schleifscheiben

Schleifscheibe DA-1

Gemäß der nachgebildeten Schleifscheibenmodelle der Basis-Werkzeuge in Abbildung 7.3 ist die Schleifscheibe DA-1 durch einen niedrigeren E-Modul gekennzeichnet. Dies verleiht dem gesamten Aufbau der Schleifscheibe eine schwingungsfähigere Eigenschaft, sodass sie sich elastischer als die Schleifscheiben DA-2 und DA-3 bei den gleichen Prozessparametern verhält. Diese Fähigkeit sich elastischer zu verformen führt wiederum dazu, dass die Schleifscheibe die äußeren mechanischen Belastungen besser absorbiert und somit ein deutlich niedriges Normalkraftniveau als die anderen Schleifscheiben hervorruft (Vgl. Abbildung 7.4).

Da wie bereits erwähnt von einem identischen Kornüberstand nach dem Abrichten auszugehen ist, und da die Schleifscheiben über die gleiche Zusammensetzung verfügen, sind die Tangentialkräfte bei dem Einsatz der drei Schleifscheiben ebenfalls gleich anzunehmen. Da darüber hinaus ein deutlich niedrigeres Niveau der Normalkraft von der Schleifscheibe DA-1 beobachtet wurde, resultiert ein hohes Kraftverhältnis, das in Abbildung 7.4 zu sehen ist.

Die aufgrund der niedrigeren Kornhaltekräfte freigesetzten, aktiven Schneiden werden im Laufe des Schleifprozesses wegen der hohen Verschleißfestigkeit nur teilweise durch neue Schneiden ersetzt. Da die inhomogene Verteilung der Körner darüber hinaus zur Ausbildung von Kornsammlungen, zwischen den kleinen Räumen zur Abfuhr der Späne verfügbar sind, setzt sich diese Schleifscheibe schneller zu. Aus diesen Gründen wird mit der Schleifscheibe DA-1 das niedrigste bezogene Zerspanvolumen erzielt.

Schleifscheibe DA-2

Aufgrund ihres hohen Elastizitätsmoduls werden plastische Verformungen als Folge äußerer mechanischer Belastungen erwartet. Diese plastischen Verformungen führen zu Verfestigungen in dem Schleifscheibengefüge, die sich wiederum durch die hohen Prozesskräfte manifestieren.

Aufgrund des weicheren Gefüges verschleißt sich die Bindung bei dem Einsatz, sodass die abgenutzten Körner freigesetzt und neue Kornlagen generiert werden. Dieser Effekt in Kombination mit der höheren Porosität und homogeneren Verteilung der Komponenten ermöglichen es, ein höheres Zerspanvolumen als bei der Schleifscheibe DA-1 zu erreichen (Vgl. Abbildung 7.4).

Schleifscheibe DA-3
In dieser Schleifscheibe sind kombinierte Eigenschaften von den Schleifscheiben DA-1 und DA-2 zu finden. Zum einen bewirkt der niedrige Elastizitätsmodul wie bei der Schleifscheibe DA-1 einen flachen Verlauf der Normalkraft. Zum anderen weist diese Schleifscheibe eine niedrige Verschleißfestigkeit, eine hohe Porosität und eine homogene Korn- und Porenverteilung auf, sodass sie wie die Schleifscheibe DA-2 das Abtrennen von einem hohen Volumen ermöglicht.

Gegenüberstellung
Für eine bessere Darstellung der Ergebnisse der Planschleifuntersuchungen werden die beobachteten Einsatzverhalten der Basisschleifscheiben und die jeweiligen Schleifscheibenmodelle tabellarisch in Abbildung 7.5 gegenübergestellt. Diese Abbildung zeigt eine Übersicht über das Niveau der Schleifkräfte, über den Verschleiß sowie über die Standzeit.

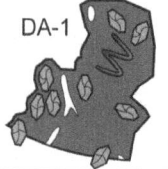  

Schleifkräfte	niedrig	hoch	hoch
Standzeit	niedrig	hoch	hoch
Verschleiß	niedrig	hoch	mittel

Abbildung 7.5 Gegenüberstellung der Leistungen von den Basis-Schleifscheiben

Ableitung der Herstellparameter der weiteren Werkzeuge
Zur Untersuchung des Einflusses des Bindungsanteils wird die Schleifscheibe DA-4 mit 10% mehr Bindung und ohne Sekundärkorn gesintert. Als Sinterparameter von diesem Werkzeug werden die von der Schleifscheibe DA-1 übernommen.
Bei der Schleifscheibe DA-2 erfolgte eine Erhöhung der Verweilzeit. Der Hintergrund für diese Modifikation war, die Mischung bei einer aufgeschmolzenen Bindung für

einen längere Zeit aufzuhalten, um somit eine Intensivierung des Umordnungsprozesses zu erzwingen. Aus dem Kapitel 6 geht jedoch hervor, dass die Materialumordnung eher in dem Segment 5 stattfindet (Vgl. Abbildung 5.1). Aus diesem Grund wird die Sinterzeit der Schleifscheibe DA-5 in dem Segment 5 um 200 Sekunden erhöht. Die Zusammensetzung dieser Schleifscheibe wird identisch mit der der Schleifscheibe DA-1 ausgewählt.

Im Rahmen der Voruntersuchung zu dem Einfluss des Sinterdrucks wurde eine Schleifscheibe, die mit 68 bar gesintert ist, eingesetzt. Da aufgrund von Datenmangel keine Charakterisierungsuntersuchungen an diese Schleifscheibe durchgeführt werden können, wird diese als die Schleifscheibe DA-6 erneut hergestellt.

Bez.	Sinterdruck	Sinterzeit	cBN-Schleifkorn	Bindung	SiC-Füllkorn
DA-1	58 bar	50 Minuten	30% ; B6,3	60%	10%
DA-2	58 bar	Segment 7 + 3 Minuten	30% ; B6,3	60%	10%
DA-3	bis Segment 7 20 bar; danach 58 bar	50 Minuten	30% ; B6,3	60%	10%
DA-4	58 bar	50 Minuten	30% ; B6,3	70%	-
DA-5	58 bar	Segment 5 + 3 Minuten	30% ; B6,3	60%	10%
DA-6	68 bar	50 Minuten	30% ; B6,3	60%	10%
DA-7	bis Segment 7 20 bar; danach 68 bar	50 Minuten	30% ; B6,3	60%	10%
DA-8	68 bar	50 Minuten	30% ; B6,3	70%	-
DA-9	58 bar	50 Minuten	40% ; B6,3	60%	-
DA-10	58 bar	50 Minuten	30% ; B2	70%	-

Legende:

Basis-Schleifscheiben	angepasste Sinterparameter	angepasste Spezifikationen	durchgeführte Anpassung

Abbildung 7.6 Übersicht über die weiteren Schleifscheiben

Bei der Herstellung der Schleifscheibe DA-3 wurde die Sinterpresse so programmiert, dass bis zu dem Erreichen der Sintertemperatur einen niedrigen Druck auf dem Belag ausgeübt wird. Anschließend wird der Sinterdruck auf 58 bar erhöht. Obwohl mit dieser Schleifscheibe einen höheren Zerspanvolumen als die Referenz-Schleifscheibe DA-1 erreicht wurde, weist sie einen hohen Verschleiß und hohe Prozesskräfte auf. Hinzu kommt, dass bei Sinterdruck grobe Poren am Belag, die auf eine unzureichende Verdichtung hindeuten, festgestellt wurden. Daher besteht ein Verbesserungspotenzial dieser Schleifscheibe darin, einen niedrigen Druck bis zu der Sintertemperatur auszuüben und ihn danach auf 68 bar zu erhöhen. Diese Schleifscheibe wird Schleifscheibe DA-7 genannt.

Eine umfangreiche Untersuchung des Einflusses der Bindung in Kombination mit dem Sinterdruck kann dadurch realisiert werden, indem die Schleifscheibe DA-8 unter 68 bar und mit 10% mehr Bindung und ohne Sekundärkorn gesintert wird. So kann der Einfluss der Bindung bei zwei unterschiedlichen Drücken und der Einfluss der Druck bei zwei unterschiedlichen Bindungsanteilen untersucht werden.

Mit der Schleifscheibe DA-9 soll der Einfluss der Schleifkornkonzentration betrachtet werden. Diese wird mit 10% cBN-Schleifkorn und ohne Sekundärkorn gesintert. Zum Erforschen des Einflusses der Korngröße wird für die Herstellung der letzten Schleifscheibe, Schleifscheibe DA-10, ein cBN-Korn mit 2,4µm eingesetzt. Um eine ausreichende Haftung der kleineren Körner in die Bindung zu gewährleisten, wird ein Bindungsanteil von 70% für diese Schleifscheibe ausgewählt. Die Schleifscheiben DA-9 und DA-10 werden mit den Parametern der Referenz-Schleifscheibe DA-1 gesintert. In Abbildung 7.6 ist eine Übersicht über die bereits untersuchten sowie über die herzustellenden Schleifscheiben dargestellt. Die herzustellenden Schleifscheiben sind zunächst in zwei Gruppen unterteilt, die sich danach richten, ob bei der Herstellung eine Anpassung der Sinterparameter oder der Spezifikation erfolgt ist.

7.4 Anpassung der Herstellparameter

Charakterisierungsuntersuchungen

Die Abbildung 7.7 zeigt eine Übersicht über die aus den Charakterisierungsuntersuchungen gewonnenen Daten sowie die abgebildeten Schleifscheibenmodelle dar.
Die Schleifscheibe DA-6 weist die niedrigste Umordnungsintensität auf. Aus diesem Grund sind die Haftung der Körner niedriger und die Korn- sowie die Porenverteilung inhomogener als bei den Werkzeugen DA-5 und DA-7. Eine besonders hohe Umordnungsintensität wird bei dem Werkzeug DA-7 beobachtet. Dies deutet auf die hohe Homogenität des Schleifbelags hin. Die Schleifscheibe DA-6 weist den höchsten Verdichtungsgrad auf. Demzufolge ist der Aufbau dieser Schleifscheibe am kompaktesten. Die niedrigste Porosität wird bei der Schleifscheibe DA-6 gemessen. Dementgegen überlappen sich die Standardabweichungen der Porosität von den Werkzeugen DA-5 und DA-7. Die Schleifscheibe DA-5 weist den niedrigsten Elastizitätsmodul auf.

Anpassung der Herstellparameter 81

Wobei alle Werte um maximal 10% voneinander abweichen. Aus den Eindringversuchen ist darüber hinaus festzustellen, dass die Schleifscheibe DA-5 am verschleißfestesten ist. Im Gegensatz dazu ist die Festigkeit der Schleifscheiben DA-6 und DA-7 näherungsweise gleich.

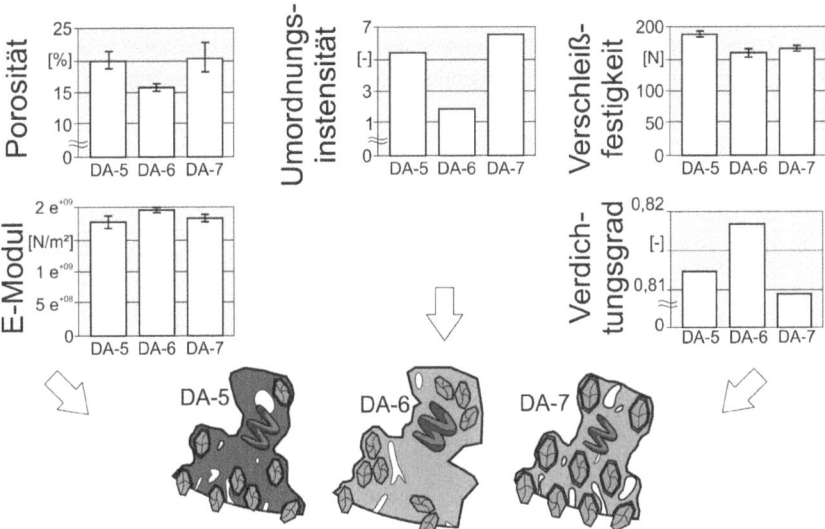

Abbildung 7.7 Ergebnisse der Charakterisierungsuntersuchungen der Schleifscheiben mit den angepassten Herstellparametern

Planschleifuntersuchungen

Die zu den Planschleifuntersuchungen entsprechenden Kraftverläufe sind der Abbildung 7.8 zu entnehmen. Bemerkenswert aus diesen Verläufen ist, dass mit der Schleifscheibe DA-7 ein um ca. 300% höheres Zerspanvolumen erreicht wird. Dabei beträgt die Normalkraft das niedrigste Niveau. Der Normalkraftverlauf weist die geringste Steigung auf.

Mit der Schleifscheibe DA-5 konnte ein um ca. 20% höheren Zerspanvolumen als die Schleifscheibe DA-6 erzielt werden. Der Verlauf der Normalkraft von dieser Schleifscheibe ist flacher als der von der Schleifscheibe DA-5. Des Weiteren schleift die Schleifscheibe DA-6 mit den höchsten Kräften.

Begründung des Einsatzverhaltens
DA-5
Der maßgebliche Unterschied zwischen dieser Schleifscheibe und der Schleifscheibe DA-7, mit der das höchste Zerspanvolumen erzielt wurde, liegt an der Verschleißfestigkeit. Diese scheint so hoch zu sein, dass ein Selbstschärfungseffekt nicht ausgelöst wird. Daher setzt sich diese Schleifscheibe schneller als die Schleifscheibe DA-7 zu. Dieser Ansatz erklärt weshalb ein niedriges Zerspanvolumen beim Schleifen erzielt wurde.

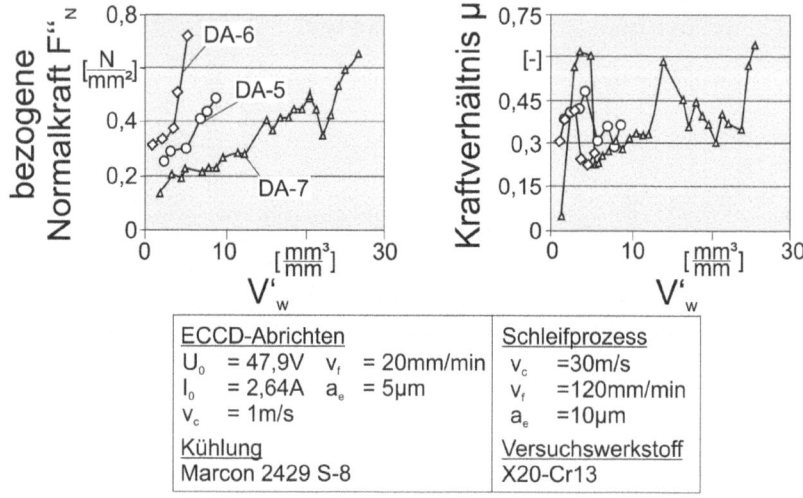

ECCD-Abrichten		Schleifprozess	
U_0 = 47,9V	v_f = 20mm/min	v_c = 30m/s	
I_0 = 2,64A	a_e = 5µm	v_f = 120mm/min	
v_c = 1m/s		a_e = 10µm	
Kühlung		Versuchswerkstoff	
Marcon 2429 S-8		X20-Cr13	

Abbildung 7.8 Kraftverläufe der Schleifscheiben mit angepassten Herstellparametern

Die homogene Verteilung der Belagkomponenten führt dazu, dass konstante Eingriffsbedingungen bei dem Einsatz herrschen. Darüber hinaus ruft der niedrige Elastizitätsmodul, wie im vorherigen Abschnitt bereits beobachtet, ein elastisches Verhalten hervor. Demzufolge werden bei dem Einsatz dieser Schleifscheibe niedrigere Normalkräfte als die der Schleifscheibe DA-6 beobachtet. Die flache Steigung des Normalkraftverlaufs lässt sich dadurch erklären, dass die zu der Schleifscheibe DA-6 vergleichsweise höhere Porosität eine bessere Abkühlung in der Kontaktzone bewirkt.

DA-6
Diese Schleifscheibe weist die inhomogenste Verteilung der Körner auf, die allerdings auch nicht gut in die Bindung eingebettet sind. Daher werden die Schleifkörner bei dem Einsatz aus der Bindung herausgerissen, sodass die Reibung in der Kontaktzone

Anpassung der Herstellparameter

sich erhöht. Hinzu kommt, dass aus dem hohen E-Modul ein starrer Aufbau der Schleifscheibe resultiert. Daher werden elastische Verformungen erwartet, die zu Verfestigungen der Gefüge führen. Aus diesen Gründen steigen die Normalkräfte bei dem Einsatz am raschsten.
Da die Körner aus der Bindung schnell abreißen, bildet sich bei dieser Schleifscheibe keine stationäre, schnittfreudige Topographie. Daher konnte mit diesem Werkzeug das niedrigste Zerspanvolumen abgetrennt werden (Vgl. Abbildung 7.8).

DA-7
Ein niedriger Elastizitätsmodul und eine niedrige Verschleißfestigkeit charakterisieren die Schleifscheibe DA-7. Diese Eigenschaften erlauben es, einen elastischen Aufbau und gleichzeitig ein weiches Gefüge zusammen zu kombinieren, sodass die Schleifscheibe sich elastisch zu verformen vermag und scharfe Körner durch den Bindungsverschleiß sich ständig im Eingriff befinden. Aus diesen genannten Gründen wurden die niedrigen Prozesskräfte mit der flachen Steigung bei dem Schleifen beobachtet.
Die homogene Verteilung der Belagkomponenten und der hohe Porositätsanteil gewährleisten jeweils eine effiziente Späneabfuhr aus der Kontaktzone sowie eine ausreichende Abkühlung. Dies führt dazu, dass sich die Spanräume nicht schnell zusetzen und dass die Prozesstemperaturen niedrig bleiben. Demzufolge kann ein hohes Zerspanvolumen mit der Schleifscheibe DA-7 erzielt werden (Vgl. Abbildung 7.8).

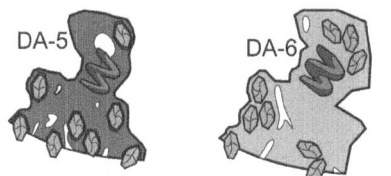

Schleifkräfte	niedrig	hoch	niedrig
Standzeit	mittel	niedrig	hoch
Verschleiß	niedrig	hoch	mittel

Abbildung 7.9 Gegenüberstellung der Leistungen von Schleifscheiben mit angepassten Herstellparametern

Gegenüberstellung
Die beobachteten Einsatzverhalten der Schleifscheiben mit den angepassten Herstellparametern und die jeweiligen Schleifscheibenmodelle sind der Abbildung 7.9 zu entnehmen. In dieser Abbildung sind der Kräfteniveau beim Schleifen, der Verschleiß sowie die Standzeit jedes Werkzeugs dargestellt.

7.5 Anpassung der Schleifscheibenspezifikationen

Charakterisierungsuntersuchungen

Die Abbildung 7.10 schildert die Ergebnisse der Charakterisierungsuntersuchungen an den Schleifscheiben mit den angepassten Spezifikationen. Auf Basis dieser Ergebnisse werden Schleifscheibenmodelle etabliert, die in Abbildung 7.10 zu sehen sind.

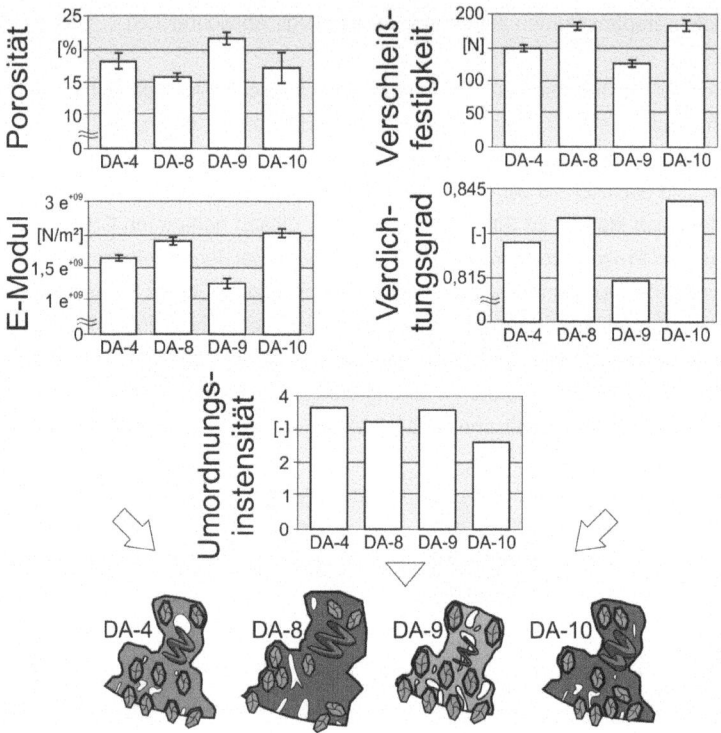

Abbildung 7.10 Ergebnisse der Charakterisierungsuntersuchungen der Schleifscheiben mit angepassten Spezifikationen

Die höchste und die niedrigste Porosität werden jeweils bei der Schleifscheibe DA-9 und DA-8 gemessen. Ferner ist eine Überlagerung der Standardabweichungen der Porosität von der Schleifscheibe DA-10 und DA-4 aus der Abbildung 7.10 festzustellen. Die Schleifscheibe DA-9 weist den niedrigsten Elastizitätsmodul auf. Daher wird sie als schwingungsfähigste alle Schleifscheiben charakterisiert. Die verschleißfestes-

Anpassung der Schleifscheibenspezifikationen

ten Schleifscheiben sind DA-8 und DA-10. Dementgegen belegen die Charakterisierungsuntersuchungen, dass die Schleifscheibe DA-9 die niedrigste Verschleißfestigkeit aufweist. Die Umordnungsintensität ist bei den Schleifscheiben DA-4 und DA-9 am höchsten. Daher ist die Verteilung der Belagkomponenten von diesen Schleifscheiben besonders homogen im Vergleich zu den zwei anderen Schleifscheiben. Des Weiteren zeichnen sich die Werkzeuge DA-8 und DA-10 durch eine höhere Verdichtung des Belags aus. Aus diesem Grund ist der Aufbau dieser Werkzeuge kompakter.

Planschleifuntersuchungen

Die Kraftverläufe der Schleifscheiben mit den angepassten Spezifikationen sind der Abbildung 7.11 zu entnehmen. Das bemerkenswerte in diesen Verläufen ist, dass mit der Schleifscheibe DA-9 ein um ca. 200% höheres Zerspanvolumen erreicht wird. Dabei weist die Normalkraft das niedrigste Niveau auf. Die Steigung des Verlaufs ist am flachsten. Die höchsten Kräfte in Kombination mit einer vergleichsweise steilen Entwicklung in Abhängigkeit des Zerspanvolumens werden bei Schleifscheibe DA-8 beobachtet. Während die Kraftverhältnisse der Schleifscheibe DA-8 am niedrigsten sind, ist es aus der Abbildung 7.11 zu entnehmen, dass die von der Schleifscheibe DA-9 am höchsten sind. Bei dem Einsatz der Schleifscheiben DA-4 und DA-10 wird bei der Beobachtung der Normalkraftverläufe ein ähnliches Verhalten beobachtet.

Begründung des Einsatzverhaltens

DA-4

Diese Schleifscheibe hat einen höheren Anteil an Bindungsmaterial. Aus diesem Grund werden die Belagkomponenten besser vernetzt, was eine höhere Umordnungsintensität bewirkt. Daher sind die Schleifkörner in die Bindungsmatrize homogen verteilt. Die hohe Verdichtung des Belags sowie die niedrigere Porosität scheinen jedoch der Nachteil dieser Schleifscheibe zu sein, da die Spanräume zwischen den Körnern kleiner sind. Die Späne verklemmen sich in den Räumen, in die aufgrund der Porosität nicht genügend Kühlschmiermittel gelangt, was zu einem frühzeitigen Zusetzen der Schleifscheibe führt. Daher wird mit diesem Werkzeug ein niedrigeres Zerspanvolumen als mit der Schleifscheibe DA-9 erzielt.

DA-8

Dieses Werkzeug ist eine Kombination von der Schleifscheibe mit dem höheren Bindungsanteil DA-4 und der Schleifscheibe, die mit einem Sinterdruck von 68 bar hergestellt wurde, DA-6. Die niedrigen Kornhaltekräfte führen zu einem frühzeitigen Abreißen der Schleifkörner aus der Bindung. Durch die hohe Verschleißfestigkeit der Bindung werden diese freigesetzten Körner nicht durch neue ersetzt. Ferner charakteri-

siert sich dieses Werkzeug durch einen hohen Elastizitätsmodul, der einen starren Gesamtaufbau verursacht. Aus diesen genannten Gründen werden die hohen Normalkräfte bei dem Einsatz der DA-8 Schleifscheibe beobachtet.
Auf Grund der inhomogenen Verteilung der Belagkomponenten und der hohen Verdichtung sind Kornsammlungen zu erwarten, die die Spanräume verringern. Demzufolge erschwert sich der Späneabfuhr aus der Kontaktzone. Dazu kommt, dass sich durch den niedrigen Anteil an Poren keine ausreichende Abkühlung in der Kontaktzone gewährleistet wird. Daher versagt diese Schleifscheibe am schnellsten.

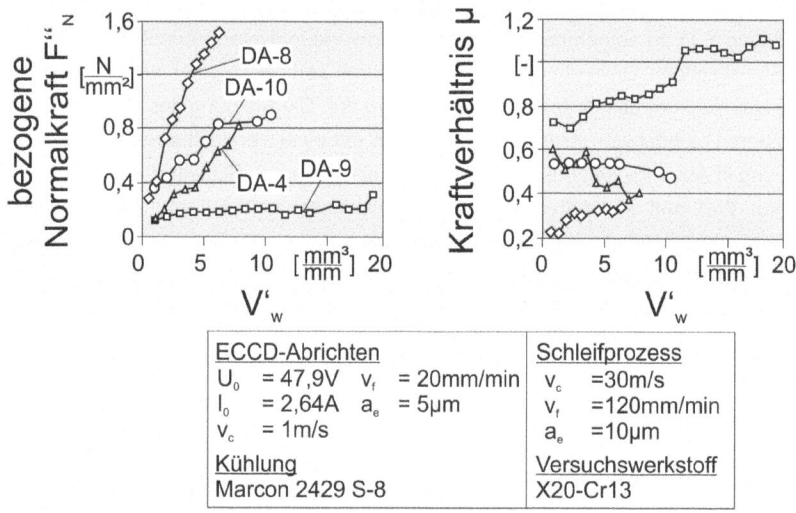

Abbildung 7.11 Ergebnisse der Schleifuntersuchungen mit Schleifscheiben mit angepassten Spezifikationen

DA-9

Da die Schleifscheibe DA-9 eine höhere Kornkonzentration als alle anderen untersuchten Werkzeuge hat, erhöht sich zwangsläufig die Anzahl der aktiven Schneiden. Eine höhere Anzahl der aktiven Schneiden führt dazu, dass die Einzelkornspannungdicke kleiner wird. Daher sinkt bei Erhöhung der Schleifkornkonzentration unter Einsatz identischer Stellprozessparameter die von einem einzelnen Schleifkorn zu erbringende Abtragleistung. Dies ist der Grund, weshalb das Normalkraftniveau dieser Schleifscheibe besonderes niedrig ist.
Die homogene Korn- und Porenverteilung in Kombination mit dem weichen Gefüge ermöglichen es, mit der Schleifscheibe DA-9 ein hohes Zerspanvolumen ohne schnelles Zusetzen zu erreichen.

DA-10

Zur Herstellung dieser Schleifscheibe wurden um ca. 60% kleinere cBN-Körner verwendet. Da diese Schleifscheibe unter den gleichen Prozessparametern wie die anderen Werkzeuge eingesetzt wurde, werden die kleineren Körner einer höheren mechanischen Belastung ausgesetzt. Diese Annahme kann durch die hohen Normalkräfte bestätigt werden.

Bei den kleineren Körnern sind darüber hinaus kleinere Spanräume zu erwarten. Hinzu kommt, dass diese Körner dichter gepackt sind, wodurch vergleichsweise geringe Porenräume für die Zufuhr von Kühlschmiermitteln zur Verfügung stehen. Aus diesen Gründen wird mit dem Werkzeug DA-10 ein geringeres Zerspanvolumen als mit der Schleifscheibe DA-8 erzielt.

Gegenüberstellung

Die Einsatzverhalten der Schleifscheiben mit den angepassten Spezifikationen sind in Abbildung 7.12 gegenübergestellt. Diese Abbildung zeigt der Kräfteniveau beim Schleifen, der Verschleiß sowie die Standzeit jedes Werkzeugs.

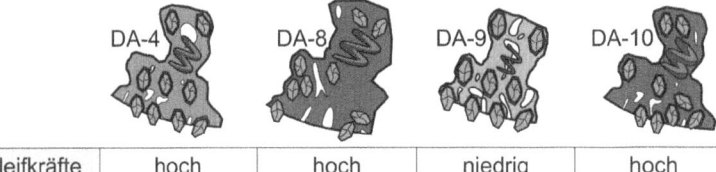

	DA-4	DA-8	DA-9	DA-10
Schleifkräfte	hoch	hoch	niedrig	hoch
Standzeit	niedrig	niedrig	hoch	niedrig
Verschleiß	mittel	niedrig	mittel	niedrig

Abbildung 7.12 Gegenüberstellung der Leistungen von Schleifscheiben mit angepassten Spezifikationen

7.6 Fazit zu den Planschleifuntersuchungen

Im Zuge dieses Kapitels werden Schleifscheiben selbsthergestellt und zum Planschleifen des Vergütungsstahls X20Cr13 eingesetzt. Anhand einer Reihe von Charakterisierungsuntersuchungen konnten Schleifscheibenmodelle abgebildet werden, mit denen die Einsatzverhalten der Werkzeuge sich erklären lassen. Darüber hinaus hat sich durch diese Charakterisierungsuntersuchungen gezeigt, dass die Schleifscheibeneigenschaften von den Einstellgrößen des Herstellprozesses und der Spezifikationen stark abhängen. Eine nähere Betrachtung dieser Abhängigkeiten wird in einem weiteren Kapitel erfolgen.

8 Untersuchungen zum Schleifen von Riblets

Dieses Kapitel widmet sich der kontakterosiven Strukturierung einer Schleifscheibe und den anschließenden Profilschleifuntersuchungen. Zu diesem Zweck wird die Schleifscheibe DA-7 eingesetzt, da mit ihr das höchsten Zerspanvolumen bei niedrigen Kräften erzielt werden kann.

8.1 Generierung der Schleifscheibenprofile

8.1.1 Qualitative Betrachtung der generierten Nuten

Um die erzeugten Nuten qualitativ zu betrachten, werden zunächst die in der Bemaßungsskizze 2.11 dargestellten Größen verwendet. Für die Messung der Profiltiefe t_P wird die nicht strukturierte Schleifscheibenoberfläche als Referenzfläche benutzt. Eine profilierte Nut weist darüber hinaus einen Profilkantenradius r_K, einen Profilkantenwinkel $α_P$ sowie einen Profilmittenradius r_M auf. Während die Profilkantenradien und Profilkantenwinkel durch die seitlichen Entladungen beim Strukturieren entstehen, wird eine Verrundung in der Mitte des Profils durch eine höhere Entladungsintensität an der Elektrodenspitze hervorgerufen. Die mittlere Profilbreite b_{pm} wird bei halber Profilhöhe gemessen.

Die Stellgrößen zum Strukturieren sind dem Abschnitt 5.3 zu entnehmen. Mit einer Vorschubgeschwindigkeit der dünnen Graphitelektrode (Breite 1,1 mm) von v_f=50µm/min wird eine gesamte Zustellung von a_e=500µm bewerkstelligt. Insgesamt werden an der Schleifscheibe DA-7 fünf Nuten erzeugt. Diese Profile werden bei rotierender Schleifscheibe in einem Werkstück aus Kunststoff abgebildet und mit dem konfokalen Mikroskop gemessen. Die Messergebnisse sind in der Abbildung 8.1 dargestellt.

Der Mittelwert der resultierenden Profiltiefe und die Standardabweichung entsprechen jeweils t_p=421µm und $σ$=39µm. Der Mittelwert der Profilbreite liegt mit einer Standardabweichung von $σ$=36µm bei b_{pm}=1137µm und ist somit um etwa 37µm größer als die Elektrodenbreite. Des Weiteren entspricht der Mittelwert der erzeugten Profilmittenradien r_M=680µm. Dabei beträgt die Standardabweichung $σ$=53µm. An der Kanten der Profile werden Profilkantenradien und Profilkantenwinkel von jeweils r_K=113µm ($σ$=30µm) und $α_P$=60° ($σ$=2°) gemessen.

Die Geometrieabweichungen der erzeugten Nuten sind auf zwei Ursachen zurückzuführen. Zum einen wird eine Einlaufphase zum Beginn des Profiliervorganges jeder Nut festgestellt. Da sich durch Versetzen der Elektrode die Eingriffsbedingungen in der Kontaktzone ändert, wird zu Beginn des Prozesses eine Phase stattfinden, in der die

Entladungen nicht gleichmäßig geschehen. Diese ungleichmäßigen Entladungen führen zu den beobachteten geometrischen Abweichungen der profilierten Nuten. Zum anderen verursachen die dynamischen Belastungen während des Profiliervorganges, die sowohl durch die Rotationsbewegung der Schleifscheibe als auch durch die Kühlschmierstoffstrahlen hervorgerufen werden, seitliche Auslenkungen der dünnen Elektrode. Diese Auslenkungen sind instationär und sie beeinflussen die Reproduzierbarkeit der erzeugten Geometrien.

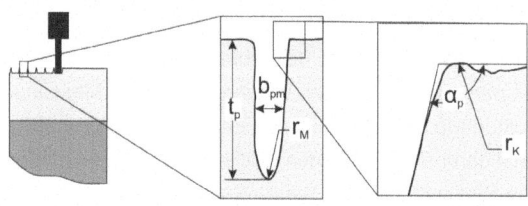

Größe	Mittelwert	Standardabweichung [µm]
Profiltiefe t_p	421 µm	39 µm
mittlere Profilbreite b_{pm}	1137 µm	73 µm
Profilmittenradius r_M	680 µm	53 µm
Profilkantenwinkel $α_p$	68°	5°
Profilkantenradius r_K	113 µm	62 µm

Abbildung 8.1 Betrachtung der erzeugten Nutengeometrien

8.1.2 Profilieren von mehrfach Mikroprofilen

Um mehrere Riblets in einem Überschliff herzustellen, soll zunächst die Schleifscheibe DA-7 mehrfach profiliert werden. Hierbei wird der Elektrodenversatz ΔZ in drei Stufen variiert. Die Abbildung 8.2 stellt eine Skizze der sich durch Herstellung mehrerer benachbarter Nuten ergebenden Stegen dar. Zu sehen auf dieser Abbildung sind darüber hinaus die durchgeführten Variationen des Drahtversatzes ΔZ sowie die sich ergebenden Profilhöhenabweichung zu der Referenzoberfläche Δh_{Steg} und die mittlere Breite jedes Steges B_{ms}. Festzustellen aus der Abbildung 8.2 ist, dass bei einem Elektrodenversatz von sowohl ΔZ_1=60µm als auch ΔZ_4=100µm sich die erzeugten Nuten überlappen, sodass Profilhöhenabweichungen der Stege von jeweils $\Delta h_{Steg,1}$=66,6µm und $\Delta h_{Steg,2}$=5,99µm entstehen. Aufgrund dieser Profilhöhenabweichungen können beim

Profilschleifen keine gleich tiefen Nuten geschliffen werden.

ECCD-Abrichtprozessparamter:
U_0 = 47,9V v_f = 50µm/min
I_0 = 2,64A v_c = 1m/s
a_e = 0,5mm

Erzeugte Geometrien:

Strukturier-Ergebnisse :

Steg	1	2	3	4
ΔZ	60	120	140	100
b_{mS}	227	272	359	184
$Δh_{Steg}$	66,6	0	0	5,99

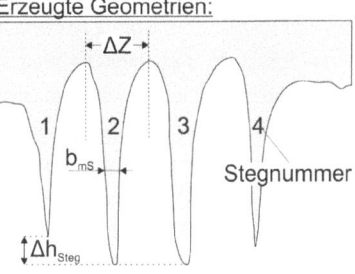

Abbildung 8.2 Erzeugte Mehrfachprofile

8.2 Profilschleifuntersuchungen

Für die Profilschleifuntersuchungen wird die zuvor strukturierte Schleifscheibe eingesetzt. Die Stellgrößen sowie die Entwicklung des Profilhöhenverschleißes Δr$_{sw,r}$ über die Schleiflänge sind der Abbildung 8.3 zu entnehmen. Da die Stege 1 und 4 eine anfängliche Profilhöhenabweichung aufgewiesen haben, kommen sie im Einsatz erst nachdem die Stege 2 und 3 sich auf deren Höhe verschlissen haben.

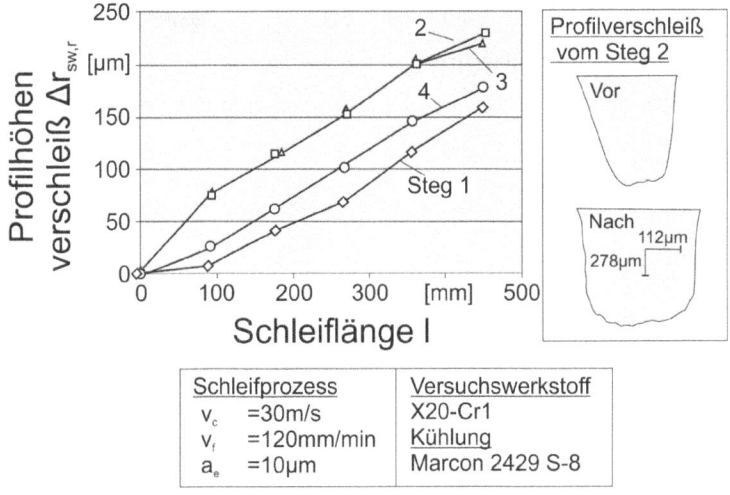

Schleifprozess	Versuchswerkstoff
v_c =30m/s	X20-Cr1
v_f =120mm/min	Kühlung
a_e =10µm	Marcon 2429 S-8

Abbildung 8.3 Entwicklung des Profilhöhenverschleißes in Abhängigkeit der Schleiflänge

Die Stege weisen beim Einsatz, wie bereits während der Planschleifuntersuchungen festgestellt wurde, einen hohen Verschleiß auf. Die Betrachtung des Profilverschleißes von beispielsweise dem Steg 2 vor und nach dem Einsatz bestätigt, dass es sich hier um einen abrasiven Verschleiß handelt. Wobei die Verrundungen an dem Profilkanten sich nicht durch Bindungsausbrüche sondern durch Bindungsabtrag entstehen.

In Abbildung 8.4 ist eine 3-D Beispielaufnahme von einer durch Schift-Kinematik entstandenen Oberfläche sowie dem dazugehörigen Profilverlauf dargestellt. Diese Oberfläche wurde durch den Steg 2 hergestellt. Die geschliffenen Bahnen weisen eine Profilhöhe von h=8µm mit einer Abweichung von σ=1 µm auf, die durch den Schleifscheibenprofilverschleiß verursacht wurde und eine Profilbreite von s=120µm mit einer Abweichung von σ=4 µm. Demzufolge entspricht das Profilaspektverhältnis der geschliffenen Riblets a=0,08.

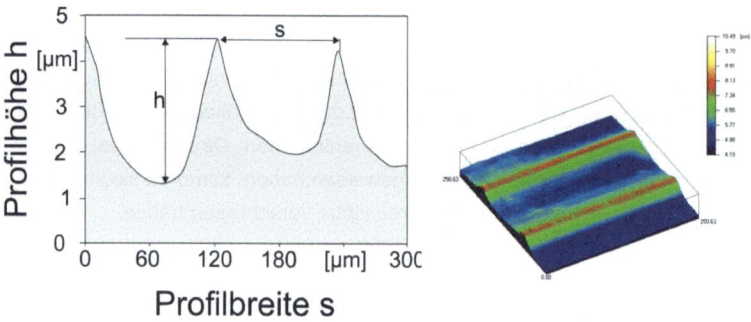

Abbildung 8.4 Beispiel einer durch Schiftkinematik entstandene, strukturierte Oberfläche

9 Fehlerbetrachtung des Herstellprozesses

Zur Betrachtung der Reproduzierbarkeit eines Sinterprozesses wird der Verdichtungsgrad zweier Schleifscheiben mit theoretisch identischen Zusammensetzung und Herstellparametern herangezogen. Wiederholte Sinteruntersuchungen weisen Abweichungen des Verdichtungsgrades auf, die aus prozessbedingten Störfaktoren resultieren (Vgl. Kapitel 6). Das erste Ziel dieses Kapitels ist es daher, den Einfluss dieser Störfaktoren auf die Verdichtung des Sintergutes rechnerisch sowie experimentell aufzuzeigen, um somit Aussagen über die Reproduzierbarkeit des Herstellprozesses treffen zu können. Das zweite Ziel dieses Kapitels ist es, anhand der Erkenntnisse zur Reproduzierbarkeit des Herstellprozesses die Gültigkeit der Kenngrößen zur Charakterisierung der Schleifscheiben zu überprüfen.

Zunächst werden die Störfaktoren des Herstellprozesses in quantifizierbare und nichtquantifizierbare Faktoren unterteilt. Aufgrund maschineller sowie messtechnischer Fehler entstehen Schwankungen des Sinterdrucks und der Sintertemperatur bezüglich der programmierten Parameter. Während die Druckschwankungen auf fehlerhafte Eingaben der Pressflächen zurückzuführen sind, entstehen die Temperaturschwankungen durch die Regelungsungenauigkeit (Vgl. Abschnitt 5.1.3). Der Einfluss einer fehlerhaften Pressfläche auf den Aufbau eines vom Soll-Wert abweichenden Sinterdrucks wird im nächsten Abschnitt veranschaulicht. Im Gegensatz zu der Druckabweichung sind die Temperaturschwankungen unvorhersehbar und daher mathematisch undefinierbar.

Darüber hinaus ist der Einfluss von sowohl einer durch fehlerhafte Pressfläche entstandenen Druckabweichung als auch einer Temperaturabweichung auf den Verdichtungsgrad nicht quantifizierbar ist. Aus diesem Grund wird dies in einem weiteren Abschnitt nur experimentell und nicht rechnerisch aufgezeigt.

Die Abweichung des Verdichtungsgrades, die als Folge von Massenverlusten entstanden ist, kann quantifiziert werden. Wobei zur Durchführung dieser Berechnungen erfahrungsbasierte Werte eingesetzt werden.

Da die eingeführten Kenngrößen zur Charakterisierung der Schleifscheiben mit Ausnahme der Porosität experimentell ermittelt werden, wird nur der Einfluss einer Abweichung des Verdichtungsgrades auf die Porosität betrachtet. Die Bedeutungen der in diesem Kapitel verwendeten Symbole sind aus den Abschnitten 5.1.1 und 5.1.5 zu entnehmen.

9.1 Störfaktoren des Herstellprozesses

9.1.1 Abweichungen der Prozessstellgrößen

Abweichung des Sinterdrucks
Fehlerhafte Pressfläche

Zunächst seien n_D und n_S die jeweiligen Abweichungsfaktoren des Matrizendurchmessers D und der Belagstärke S. Diese werden wie folgt definiert:

$$D_{ist} = n_D \times D ; S_{ist} = n_S \times S \qquad (9.1)$$

$$\leftrightarrow n_D = \frac{D_{ist}}{D} ; n_S = \frac{S_{ist}}{S} \qquad (9.2)$$

Es sei eine Sintermatrize mit einem Durchmesser von D=100mm und einer Belagstärke von S=6mm. Ferner wird angenommen, dass der tatsächliche Durchmesser zwischen D_{ist}=99 und D_{ist}=101 und die tatsächliche Belagstärke zwischen S_{ist}=5,9 und S_{ist}=6,1 variieren. Aus diesen Angaben lassen sich die Definitionsbereiche der Abweichungsfaktoren ableiten:

$$\text{Für } 99 < D_{ist} < 101 \rightarrow n_D \in \,]0{,}99; 1{,}01[$$

$$\text{Für } 5{,}9 < S_{ist} < 6{,}1 \rightarrow n_S \in \,]0{,}98; 1{,}02[$$

Die Formel 5.9 zur Berechnung der Ist-Pressfläche kann wie folgt umgeschrieben werden:

$$A_{S,ist} = \pi(n_S S)(n_D D - n_S S) = \pi(n_S n_D D - n_S^2 S^2) \qquad (9.3)$$

Ein Einsatz der Formel 9.1 in die Formel 9.3 ergibt folgende Flächenabweichung:

$$\Delta_A = |[\pi n_S n_D D - \pi n_S^2 S^2] - [\pi S D - \pi S^2]| = |\pi S D (n_S n_D - 1) - \pi S^2 (n_S^2 - 1)| \qquad (9.4)$$

Die Abweichung der tatsächlichen Druck p_{ist} von dem programierten Druck p_{soll} kann wie folgt ermittelt werden:

$$\Delta_p = |p_{ist} - p_{soll}| = \left| \frac{F}{A_{S,ist}} - \frac{F}{A_S} \right| = \left| \frac{F(A_S - A_{S,ist})}{A_{S,ist} A_S} \right| = \frac{|F(A_S - A_{S,ist})|}{|A_{S,ist} A_S|}$$

$$= \frac{F|A_S - A_{S,ist}|}{|A_{S,ist} A_S|} = \frac{F \Delta_A}{A_{S,ist} A_S} \, (\text{da } A_{S,ist}, A_S > 0) \qquad (9.5)$$

Die Abbildung 9.1 zeigt eine dreidimensionale Darstellung des Verlaufs von der Druckabweichung Δ_p, in Abhängigkeit der Faktoren n_S und n_D sowie die Daten, die für die Berechnung dieses Verlaufs gedient haben. Für eine bessere Übersicht sind ebenfalls Beispiele von zweidimensionalen Verläufen der Druckabweichung bei sowohl konstanter Belagstärke (Abbildung 9.1, unten rechts) als auch bei konstantem Durchmesser (Abbildung 9.1 unten links) abgebildet. Die Betrachtung des Druckabweichungsverlaufs bei konstantem Abweichungsfaktor des Durchmessers n_D zeigt dass der Abweichungsfaktor der Belagstärke n_S eine vernachlässigbare Auswirkung auf die Druckabweichung Δp ausübt. Wobei diese bei konstantem Abweichungsfaktor n_D bis maximal 1bar betragen kann (Abbildung 9.1 unten links). Dahin gegen führt eine geringfügige Variation des Abweichungsfaktors n_D bei konstantem Abweichungsfaktor n_S zur Entstehung von einer Druckabweichung, die bis zu 8bar steigen kann (Vgl. Abbildung 9.1 unten rechts).

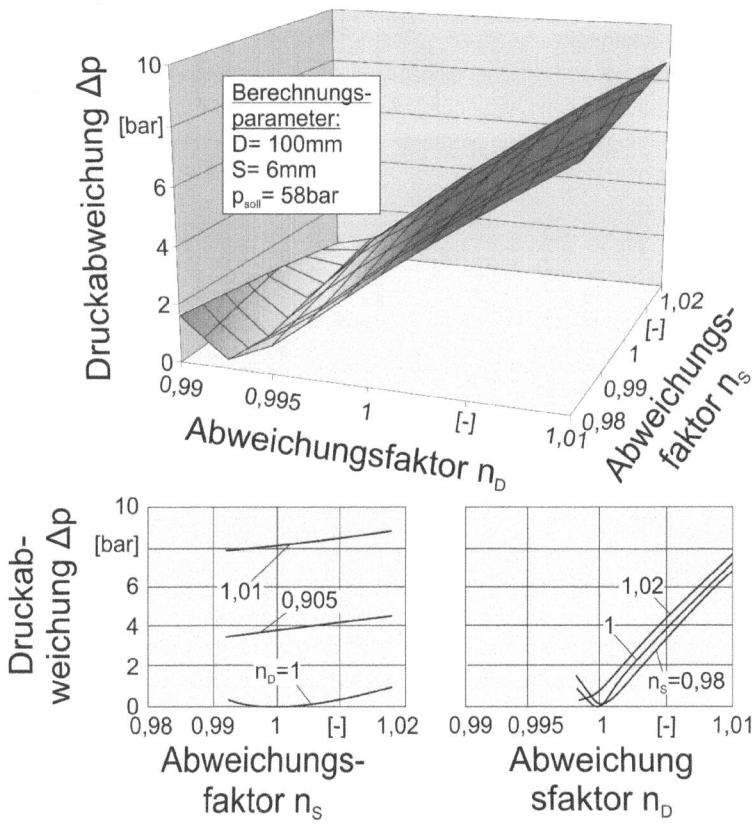

Abbildung 9.1 Berechnungsbeispiel der Druckabweichung wegen fehlerhafter Pressflächen

Eine Druckabweichung bei dem Sintern in unterschiedlichen Sintermatrizen kann besonders hoch sein, da dort relative Abweichungen bei der Messung der Pressflächen entstehen können. Für die Messung der Pressflächen wird einen Messschieber mit 0,1mm Genauigkeit verwendet. Daher können die relativen Abweichungen des Ist-

Durchmessers und der Ist-Belagstärke von den Soll-Werten bei 0,2mm liegen. Dies bedeutet für einen Soll-Durchmesser von D=100mm und eine Soll-Belagstärke von S=6mm, dass Abweichungsfaktoren von n_S=0,96 und n_D=0,998 entstehen. Laut der durchgeführten Berechnung resultiert aus diesen Abweichungsfaktoren eine Druckabweichung von Δp=2,4bar. Diese Abweichung kann zu einem erheblichen Einfluss von den Schleifscheibeneigenschaften.

Maschinengenauigkeit

Die Genauigkeit der Pressflächeneingabe an der Sinterpresse beträgt 0,1cm². Aufgrund der Aufrundung bzw. Abrundung des tatsächlichen Werts der Pressfläche entstehen Abweichungen von dem programmierten Sinterdruck. Diese sind in Abbildung 9.2 dargestellt.

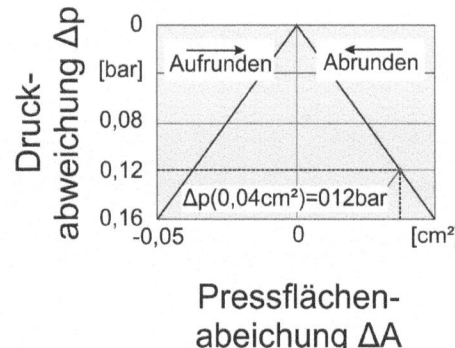

Abbildung 9.2 Druckabweichung aufgrund einer Eingabeungenauigkeit

Es sei eine Pressfläche von $A_{S,ist}$=19,04 cm². Da die Genauigkeit der Maschine nur 0,1cm² beträgt, soll diese Pressfläche auf auf A_S=19,00 cm² abgerundet werden. Somit entsteht laut der Abbildung 9.2 eine Abweichung von Δp=0,12bar. Hätte die Ist-Pressflächen $A_{S,ist}$=19,05cm² betragen, so könnte sie entweder auf A_S=19,1 oder A_S=19,0 auf- bzw. abgerundet werden. Die dabei entstehende Druckabweichung hätte Δp=0,14bar betragen.

<u>Einfluss einer Abweichung des Sinterdrucks auf dem Verdichtungsgrad</u>

Die Abbildung 9.3 zeigt zwei Beispiele zum Einfluss einer fehlerhaften Pressfläche auf die Verdichtung von zwei Schleifscheiben, die unter einen Soll-Druck von p_{soll}=58bar gesintert werden sollten. Die Soll-Durchmesser und Soll-Belagstärke der eingesetzten Sintermatrize entsprechen jeweils D=100mm und S=6mm. Daraus ergibt sich eine Pressfläche von A_S=17,7cm². Mit diesen Angaben werden Verdichtungsgrade von jeweils η_V=0,812 und η_V=0,809 erreicht.

Die Vermessung der Matrize zeigt, dass eine Abweichung zwischen den Soll- und den Ist-Abmessungen vorliegt. Wobei die Ist-Durchmesser und der Ist-Belagstärke jeweils D_{ist}=100,44mm und S_{ist}=6,7mm entsprechen. Aus diesen Abmessungen resultiert eine tatsächliche Pressfläche von A_{ist}=19,7cm². Die Verdichtungsverläufe, die sich durch die Eingabe der tatsächlichen Pressfläche $A_{S,ist}$ ergeben, liegen laut der Abbildung 9.3 unter den Verläufen, die durch eine fehlerhafte Pressfläche resultiert haben. Wobei die Abweichungen für das Beispiel 1 und 2 bei jeweils $\Delta\eta_{V,1}$=0,006 und $\Delta\eta_{V,2}$=0,02 liegen. Anhand dieser zwei Beispiele zeigt sich, dass eine gemittelte Abweichung des Verdichtungsgrades von $\Delta\eta$=0,08 aus der Eingabe einer Pressfläche mit den Abweichungsfaktoren n_D=1,0044 und n_S=1,12 resultiert. Grund für diese Abweichung ist, dass einen Sinterdruck mit einer Abweichung von Δp=-6,06bar durch Eingabe einer kleineren Pressfläche aufgebaut wurde.

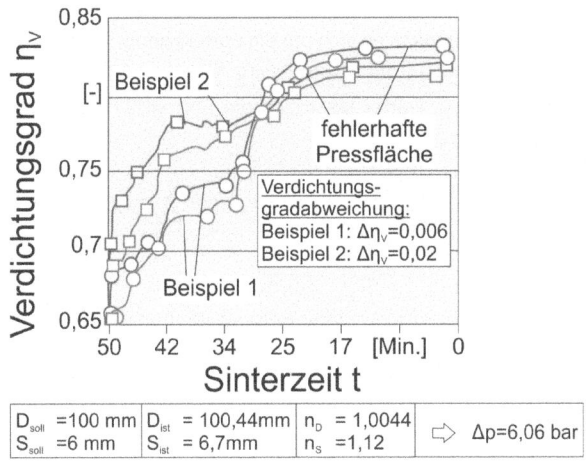

Abbildung 9.3 Einfluss einer Pressabweichung auf dem Verdichtungsgrad

Eine Druckabweichung im Rahmen dieser Versuchsbedingungen kann dadurch beseitigt werden, indem dieselbe Sintermatrize eingesetzt wird. Für die nachfolgenden Berechnungen wird angenommen, dass die sinterdruckbezogene Verdichtungsgradabweichung und deren Standardabweichung jeweils bei $\Delta\eta_P$=0,008 und σ_P=0,002 liegen.

<u>Abweichung der Sintertemperatur und deren Einfluss auf den Verdichtungsgrad</u>
Aus den durchgeführten Sinteruntersuchungen zeigte sich, dass Überhitzungen und ungleichmäßige Temperaturverteilung in der Sintermatrize 2 (Segmente) aufgrund ihres massiveren Aufbaus öfters vorkommen.

Die Temperaturverläufe während der Herstellung aller Werkzeuge konnten wegen eines maschinellen Mangels nicht aufgezeichnet werden. Jedoch wurden zu jedem Herstellprozess die Unregelmäßigkeiten der Sintertemperatur dokumentiert. Die Überhitzungen, die bei dem Einsatz der Matrize 2 beobachtet wurden, führen laut der durchgeführten Sinteruntersuchungen zu einer Verdichtungsgradabweichung von Δη$_T$=0,012 (σ$_T$=0,007).

9.1.2 Einfluss einer Abweichung der Rohlingsmasse

Zunächst wird die Massenabweichung des Grünlings mit Hilfe der Formel 5.1 wie folgt definiert:

$$\Delta m_R = \sum_{n=1}^{i} \Delta m_i = \sum_{n=1}^{i} \Delta(\rho_{Sch,i} \frac{V_{\%,i}}{100\%} V_0) \tag{9.6}$$

Es wird davon ausgegangen, dass es sich um ein perfekt gemischtes Grünling handelt. Das heißt, dass Massenverluste die ursprüngliche Verteilung der Volumenanteile der Rohstoffe nicht beeinflussen. Daher lässt sich die Formel 9.6 in die folgende Form darstellen:

$$\Delta m_R = \Delta V_0 \sum_{n=1}^{i} \rho_{Sch,i} \frac{V_{\%,i}}{100\%} = a \times \Delta V_0; \ mit \ a = \sum_{n=1}^{i} \rho_{Sch,i} \frac{V_{\%,i}}{100\%} \tag{9.7}$$

$$\leftrightarrow \Delta V_0 = \frac{\Delta m_R}{a}$$

Die Berechnung mit Hilfe eines fehlerhaften Anfangsvolumens (Abweichung ΔV$_0$) führt zu einem fehlerhaften Verdichtungsgrad η$_F$. Der fehlerhafte Verdichtungsgrad kann wie folgt berechnet werden:

$$\eta_{V,F} = 1 - \frac{V_S}{V_0 - \Delta V_0} = 1 - \frac{V_S}{V_0 - \frac{\Delta m_R}{a}} = 1 - \frac{a\, V_S}{aV_0 - \Delta m_R} \tag{9.8}$$

wobei

$$\Delta V_0 > 0 \rightarrow V_0 - \Delta V_0 < V_0 \rightarrow \frac{V_S}{V_0 - \Delta V_0} > \frac{V_S}{V_0} \rightarrow 1 - \frac{V_S}{V_0 - \Delta V_0} < 1 - \frac{V_S}{V_0} \rightarrow \eta_{V,F} < \eta_V$$

Die Abweichung des Verdichtungsgrades in Folge von Massenverluste entspricht somit:

$$\Delta \eta_m = |\eta_V - \eta_{V,F}| = \eta_V - \eta_{V,F} \ da \ \eta_{V,F} < \eta_V \tag{9.9}$$

Wie in Abschnitt 5.1.5 beschrieben, kann zwischen Massenverlusten unterschieden werden, die während der Einformphase oder während der Sinterphase entstehen. Erfahrungsgemäß liegen die Massenverluste bei dem Einformen unter 0,5 Gramm. Daraus resultiert eine Abweichung des Verdichtungsgrades von unter 0,001.

Die Massenverluste, die während des Sinterprozesses auftreten, resultieren aus der Erstarrung der Schmelze zwischen den Matrizenspalten. Diese Verluste wurden nur an der Sintermatrize 2 festgestellt. Erfahrungsgemäß liegt die Masse der Grate bei dem Sintern der Segmente zwischen 2 und 3 Gramm. Somit beträgt die daraus resultierende Abweichung laut des Verlaufs in Abbildung 9.4 zwischen 0,002 und 0,008.Nachfolgend werden die aus den Massenverlusten entstandene Abweichung des Verdichtungsgrades und die Standardabweichung bei jeweils $\Delta\eta_m$=0,005 und σ_m=0,003 geschätzt.

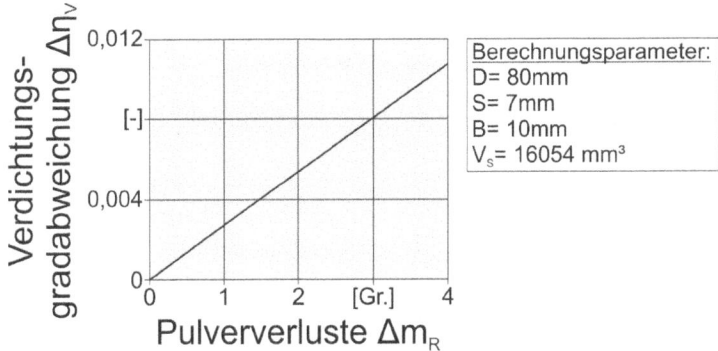

Abbildung 9.4 Abweichung des Verdichtungsgrades bei Pulververlusten

9.2 Reproduzierbarkeit des Herstellprozesses

Die Reproduzierbarkeit des Herstellprozesses von metallisch gebundenen Schleifscheiben birgt mehrere technologische Herausforderungen. Im Rahmen der zuvor durchgeführten Untersuchungen sowie Berechnungen wird beispielhaft die Beeinflussung der Verdichtung des Sintergüts durch prozessbedingte Pulververluste sowie Temperatur- und Druckschwankungen aufgezeigt. Wobei zur Beurteilung der Verdichtung des Sintergutes der Verdichtungsgrad herangezogen wird. Da die Druckschwankungen nur bei dem Sintern in unterschiedlichen Matrizen zu erwarten ist, werden alle Sinteruntersuchungen in zwei Gruppen unterteilt: in unterschiedlichen und in derselben Sintermatrizen durchgeführten Sinteruntersuchungen.
Bei der Herstellung von Schleifsegmenten in der Matrize 2 treten vermehrt Überhitzungen sowie Pulververluste auf. Darüber hinaus sind aufgrund ungenauer Angaben der Pressflächen Druckabweichungen von den programmierten Werten nicht auszuschließen. Eine tabellarische Darstellung der resultierten theoretischen Abweichungen des Verdichtungsgrades, die durch die Herstellung der Schleifscheiben und der Segmente

in unterschiedlichen Matrizen zu erwarten sind, ist in Abbildung 9.5 dargestellt. Der Mittelwert aus diesen Abweichungen wird als gesamte theoretische Abweichung des Verdichtungsgrades definiert.

Die Abbildung 9.5 (links) zeigt eine Gegenüberstellung aller experimentell ermittelten Verdichtungsgrade der Schleifscheiben und der dazugehörigen Schleifsegmente. Festzustellen ist zunächst, dass alle Segmente mit Ausnahme der Segmente DA-2 höher verdichtet sind als die Schleifscheiben. Wobei der Mittelwert und die Standardabweichung bei jeweils $\overline{\Delta\eta}=0{,}017$ und $\sigma=0{,}01$ liegen. Die Gegenüberstellung der theoretischen und der experimentelle Abweichung des Verdichtungsgrades in Abbildung 9.5 (rechts) zeigt eine Überlappung von den Standardabweichungen der theoretischen Ergebnisse mit den experimentellen Ergebnissen.

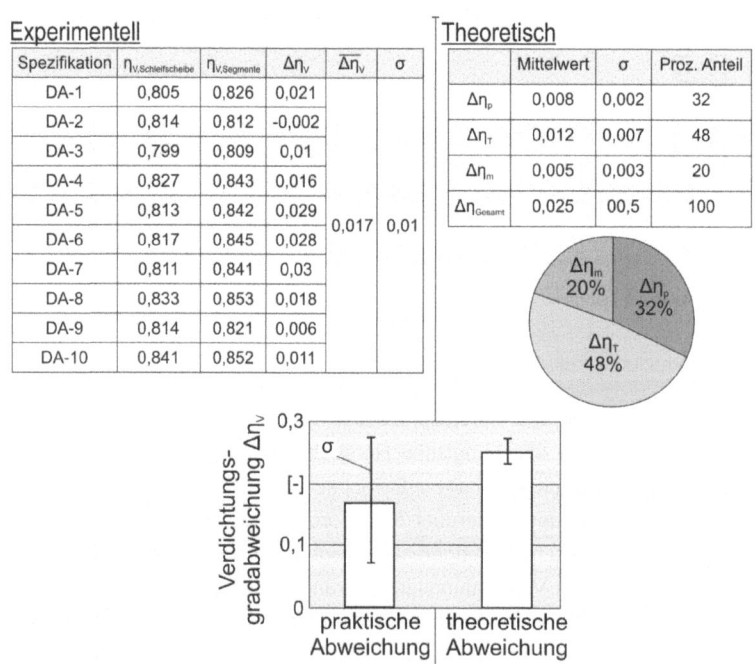

Abbildung 9.5 Gegenüberstellung der experimentellen und der theoretische Abweichung des Verdichtungsgrades

Bei dem Herstellen von Schleifscheiben in der Matrize 1 werden nur Pulververluste erwartet, die während des Einformens auftreten und keine, die als Grat erstarren. In Abschnitt 9.1.2 wird gezeigt, dass der Einfluss der Pulververluste bei dem Einformen vernachlässigbar ist. Daher wird im Folgenden angenommen, dass die Abweichungen des Verdichtungsgrades bei der Wiederholung eines Sinterprozesses in der gleichen Sintermatrize (Matrize 1) auf Temperaturschwankungen zurückzuführen ist. Die Abbildung 9.6 zeigt die Entwicklung des Verdichtungsverlaufes über die Zeit von zwei Schleifscheiben, die unter den gleichen Parametern verdichtet werden sollten. Die gesamte Abweichung des Verdichtungsgrades beträgt $\Delta\eta=0{,}012$ und stimmt somit mit dem zuvor ermittelten theoretischen Mittelwert von der temperaturbezogenen Verdichtungsgradabweichung überein.

Fazit zur Übertragbarkeit der Charakterisierungsergebnisse der Schleifsegmente auf die Schleifscheiben

Aus dem Abschnitt 9.1.1 geht hervor, dass eine Abweichung zwischen der Verdichtung von den Schleifsegmenten, an den die Charakterisierungsuntersuchungen durchgeführt wurden, und der der dazugehörigen Schleifscheiben vorliegt. Diese Abweichung liegt laut der durchgeführten Berechnungen bei ca. $\Delta\eta=0{,}025$. Der Anteil der sinterdruckbezogene Verdichtungsgradabweichung liegt bei 32%. Da die Schleifsegmente in derselben Matrize gesintert wurden, können die Ergebnisse von den Charakterisierungsuntersuchungen unter sich verglichen werden. Daher können die sinterdruckbezogenen Fehler vernachlässigt werden.

Da alle pulvrigen Mischungen angenommen homogen sind, haben die Pulververluste nur einen Einfluss auf dem Verdichtungsgrad (20% der gesamten Abweichung, Vgl. Abbildung 9.5). Daher können die massenbezogenen Abweichungen zwischen den mechanischen Eigenschaften von den Segmenten und von den Schleifscheiben vernachlässigt werden.

Die temperaturbezogenen Abweichungen des Verdichtungsgrades von den Segmenten und von den Schleifscheiben liegen bei 48%. Der Einfluss dieser Abweichung auf die Eigenschaften der Schleifsegmente kann, wie bei den Schleifscheiben, im Rahmen einer umfassenden Untersuchung zur Einfluss der Temperaturschwankungen ermittelt werden, die den Umfang dieser Diplomarbeit überschreiten würde.

Die Ergebnisse zu den Charakterisierungsmaßnahmen werden auf die Schleifscheiben übertragen. Im Rahmen des nächsten Kapitels werden Korrelationen zwischen Herstellparameter und Eigenschaften der Schleifscheiben etabliert.

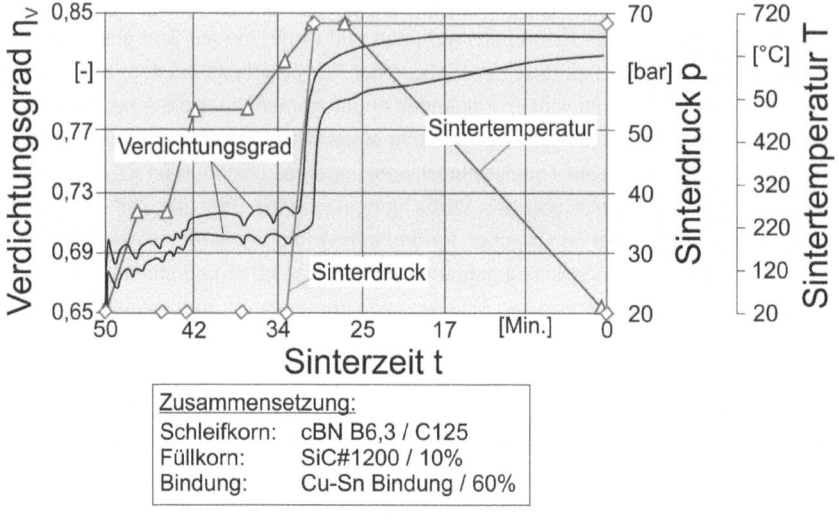

Abbildung 9.6 Verdichtungsverlauf bei theoretisch identischen Sinterparametern

Fazit zu der Reproduzierbarkeit des Herstellprozesses
Eine stichprobenartige wiederholte Herstellung der untersuchten Schleifscheiben zeigt, dass eine Abweichung der Verdichtung aufgrund mehrerer Störfaktoren vorliegt. Diese Abweichung liegt näherungsweise bei $\Delta\eta=0{,}012$. Fraglich ist es nun, ob diese Abweichung die mechanischen Eigenschaften der Schleifscheiben und folglich die in Kapitel 7 beobachteten Einsatzverhalten beim Schleifen so ausprägt, dass die hergestellten Schleifscheiben durch die Störfaktoren nicht reproduzierbar sind. Um auf diese Problematik einzugehen, sollen weitere Schleif- sowie Charakterisierungsuntersuchungen mit theoretisch identischen Zusammensetzungen und Herstellparameter durchgeführt werden, die den Umfang dieser Diplomarbeit überschreiten würden.

Zur Reduzierung der Temperaturschwankung während des Sinterns, die als größter Störfaktor der Reproduzierbarkeit gilt, wird empfohlen, die Temperaturreglung zu optimieren. Beispielsweise empfehlt es sich Temperaturmessungen an mehreren Stellen während des Sintervorgangs durchzuführen und zur Reglung einzubeziehen. Des Weiteren besteht ein Optimierungspotenzial der Temperaturverteilung an der Sintermatrize durch die Auswahl anderer Matrizenwerkstoffe. Druckschwankungen sowie Pulververluste sind durch das Einsatz von möglichst verschleißfreien Sintermatrizen mit definierten Abmessungen vermeidbar.

Da für die Ermittlung der Porosität der Verdichtungsgrad benötigt wird, wird im nachfolgenden Abschnitt auf dem Einfluss einer Abweichung des Verdichtungsgrades auf die Porosität eingegangen. Die weiteren Charakterisierungskenngrößen, wie Beispielhaft die Verschleißfestigkeit und Elastizitätsmodul, werden experimentell ermittelt. Eine Betrachtung des Einfluss der Abweichung von dem Verdichtungsgrad auf die Ergebnisse dieser Kenngrößen kann daher im Rahmen dieser Arbeit nicht durchgeführt werden.

9.3 Einfluss des Verdichtungsgrades auf die Porosität

Zur Berechnung der Porosität wird die Dichte des Schleifbelags ρ_S benötigt. Die Dichte des Schleifbelags lässt sich wiederum gemäß der Formel 5.19 mit Hilfe des Verdichtungsgrades η_V berechnen. Es sei ein Verdichtungsgrad mit einer Abweichung $\Delta\eta_V$. Aufgrund dieser Abweichung ergibt sich eine fehlerhafte Dichte $\rho_{S,F}$, die wie folgt berechnet werden kann:

$$\rho_{S,F} = \frac{m_R}{V_0(1-(\eta_V + \Delta\eta_V))} \quad (9.10)$$

Die Berechnung mit der fehlerhaften Dichte ergibt folgende fehlerhafte Porosität $P_{\%,F}$:

$$P_{\%,F} = \frac{m_F \rho_F}{m_0 \rho_{S,F}} 100\% \quad (9.11)$$

Folglich wird die Abweichung der Porosität $\Delta P_\%$ wie folgt ermittelt:

$$\begin{aligned}
\Delta P_\% = P_\% - P_{\%,F} &= \frac{m_F \rho_F}{m_0 \rho_S} - \frac{m_F \rho_F}{m_0 \rho_{S,F}} = 100\% \frac{m_F \rho_F}{m_0}\left(\frac{1}{\rho_S} - \frac{1}{\rho_{S,F}}\right) \\
&= 100\% \frac{m_F \rho_F}{m_0}\left(\frac{V_0(1-\eta_V)}{m_R} - \frac{V_0(1-(\eta_V + \Delta\eta_V))}{m_R}\right) \\
&= 100\% \frac{m_F \rho_F}{m_0} \frac{V_0}{m_R}(1 - \eta_V - 1 + \eta_V + \Delta\eta_V) \\
&= 100\% \frac{m_F \rho_F}{m_0} \frac{V_0}{m_R} \Delta\eta_V
\end{aligned} \quad (9.12)$$

Auf Basis der vorherigen Berechnungen sowie der experimentellen Sinteruntersuchungen liegt der Definitionsbereich der Verdichtungsgradabweichung zwischen $\Delta\eta_V$=-0,01 und $\Delta\eta_V$=0,01. Die Abbildung 9.7 stellt die Entwicklung der Porositätsabweichung, die durch eine Abweichung des Verdichtungsgrades resultiert, sowie die weiteren Parameter zur Berechnung dieses Verlaufs dar. Laut dieses Verlaufs ist es bei einer maximalen Abweichung des Verdichtungsgrades von $\Delta\eta_V$=0,01 mit einer Abweichung der Porosität von $\Delta P_\%$=0,808% zu rechnen. Die experimentell ermittelte Standardabweichung der Porosität von dem Segment, dessen Daten zur Berechnung des Verlaufs in Abbildung 9.7 verwendet wurden, beträgt 1,3%. Die experimentelle Standardabweichung sowie die theoretische Abweichung aufgrund eines fehlerhaften Verdichtungsgrades werden zusammen addiert. Es ergibt sich eine gesamte Abweichung von 2,1%, die weit unter der Porosität des Segments liegt. Daher kann der Einfluss einer Abweichung des Verdichtungsgrades auf die Porosität vernachlässigt werden.

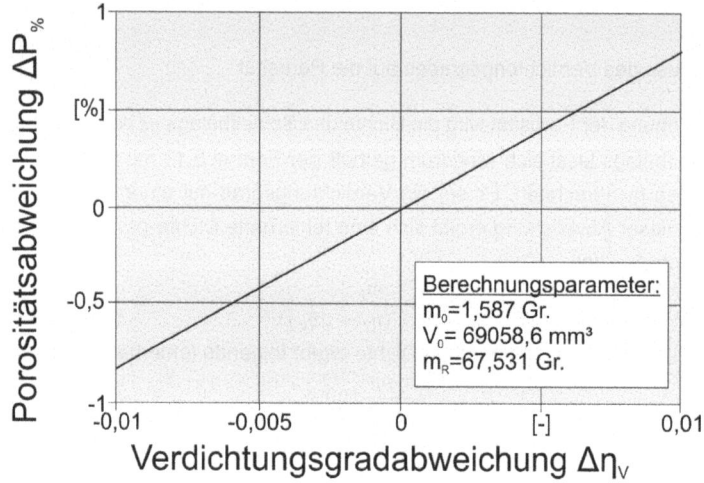

Abbildung 9.7 Abweichung der Porosität aufgrund einer Verdichtungsgradabweichung

10 Folgerungen für den Herstellprozess

Ziel dieses Kapitel ist es, die zuvor gewonnen Kenntnisse bei der Charakterisierung sowie bei dem Einsatz der selbsthergestellten, bronzegebundenen Schleifscheiben aus einer herstelltechnologischen Hinsicht zu betrachten. Somit sollen Zusammenhänge bezüglich des Einflusses von den Herstellparametern und von den Spezifikationen auf die Schleifscheibeneigenschaften erarbeitet und deren qualitative Entwicklung veranschaulicht werden.

10.1 Einfluss der Herstellparameter

10.1.1 Einfluss des Sinterdrucks

Im Zuge dieser Diplomarbeit erfolgte die Variation des Sinterdrucks in zwei Weisen. Zum einen wurde der Einfluss einer Verschiebung von dem Verlauf des Sinterdrucks nach Oben untersucht. Zum anderen wurde der Einfluss einer Variation des Druckverlaufs erforscht (Vgl. Abschnitt 7.3).

Einfluss der Verschiebung der Druckkurve

Für die Untersuchung des Einflusses einer Sinterdruckerhöhung werden zunächst zwei Schleifscheiben, die jeweils mit 58bar und 68 bar hergestellt wurden, betrachtet. Diese Werkzeuge beinhalten einen Bindungsanteil von 70%. Die qualitativen Entwicklungen von den Eigenschaften, die während der Charakterisierungsuntersuchungen gewonnen wurden, in Abhängigkeit des Sinterdrucks sind der Abbildung 10.1 zu entnehmen.

Eine Erhöhung des Sinterdrucks setzt die Mischung unter eine höhere mechanische Belastung, die einen Materialtransport bei aufgeschmolzener Bindung teilweise verhindert. Daher sinkt die Umordnungsintensität und folglich die Homogenität des Gefüges bei höherem Sinterdruck (Abbildung 10.1).

Des Weiteren bewirkt eine Erhöhung des Drucks den Abbau von der Porosität sowie eine höhere Verdichtung des Belags. Aus diesen Gründen wird der gesamte Aufbau des Schleifbelags kompakter und starrer, was das hohe Elastizitätsmodul und die hohe Verschleißfestigkeit bei dem hohen Sinterdruck verursacht.

Wie aus der Literatur bekannt, führt eine hohe Umordnung der Belagkomponenten in Folge des Materialtransports während der Existenz einer flüssigen Phase in der Mischung zur Ausbildung von einem homogenen Gefüge. Um diesen positive Effekt auszunutzen, wird so vorgegangen, dass am Anfang des Sinterprozesses einen niedrigen Druck aufgebaut (20bar) und dieser ab dem Erreichen der Sintertemperatur (680°) auf 68bar erhöht wird. In diesem Kontext wird darauf hingewiesen, dass eine Modifikation des Sinterdruckverlaufs von 20bar auf 58bar dazu führt, dass der Schleifbelag grobe Poren, die auf eine unzureichende Verdichtung hindeuten, aufweist und dass sich das Einsatzverhalten der Schleifscheibe verschlechtert (Vgl. Abschnitt 7.3).

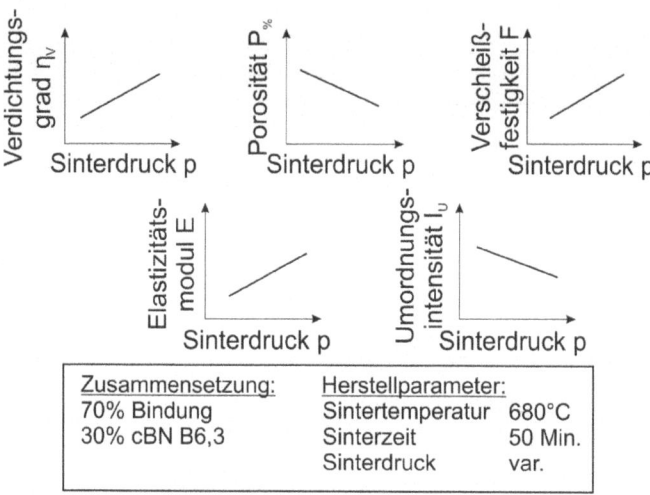

Abbildung 10.1 Einfluss einer Verschiebung des Sinterdrucks auf die Schleifscheibeneigenschaften

Modifikation der Druckkurve

Die qualitativen Einflüsse einer Modifikation des Druckverlaufs von 20bar auf 68 bar im Vergleich zu einem über die gesamte Sinterzeit konstanten Sinterdruck von 58 bar auf die Schleifscheibeneigenschaften sind in Abbildung 10.2 dargestellt. Durch diese Modifikation wird die Mischung aufgrund des niedrigen Druckniveaus am Anfang des Prozesses einer geringen mechanischen Belastung ausgesetzt. Daher geschieht in diesem Prozessteil ein intensiver Materialtransport, der die Entstehung eines Gefüges mit homogen verteilten Komponenten und gut eigebetteten Körnern bewirkt. Die Erhöhung des Sinterdrucks nach dem Erreichen der Sintertemperatur und nachdem die Transportprozesse laut der Verdichtungskurve abgelaufen sind, gewährleistet das Erzielen der Endverdichtung. Diese Endverdichtung ist deutlich höher als die, die bei konstantem Sinterdruck beobachtet wurde. Grund hierfür ist, dass bei dem homogenen Gefüge die Belagkomponenten besser in einander fließen, sodass einen kompakten Aufbau sich bildet.

Einfluss der Herstellparameter 107

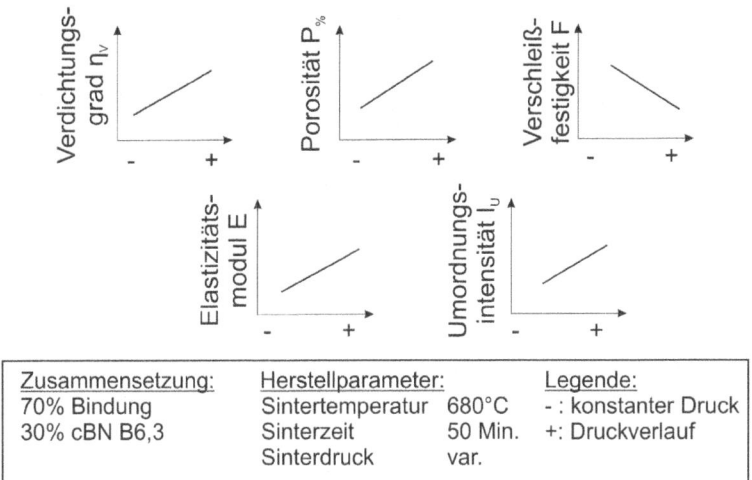

Zusammensetzung:	Herstellparameter:		Legende:
70% Bindung	Sintertemperatur	680°C	- : konstanter Druck
30% cBN B6,3	Sinterzeit	50 Min.	+: Druckverlauf
	Sinterdruck	var.	

Abbildung 10.2 Einfluss einer Modifikation des Druckverlaufs auf die Eigenschaften der Schleifscheiben

In Abbildung 10.2 ist eine Gegenüberstellung von Schliffbildern zweier Bruchstücke aus zwei Segmenten, die jeweils mit 58 bar und mit einer modifizierten Druckkurve gesintert wurden, dargestellt. Um diese Bruchstücke vorzubereiten, werden sie in Kunstharz eingebettet und anschließend poliert. Die dunklen Stellen auf den Aufnahmen der Bruchstücke entsprechen den Poren, in die das Kunstharz beim Einbetten der Proben geflossen ist.

Festzustellen bei der Beobachtung der beiden Schliffbilder ist, dass die dort zu erkennenden Poren in geschlossenen, groben und in kommunizierenden, durchgehenden Poren unterteilt werden können. Wobei die geschlossenen, groben Poren vermehrter in dem Schliffbild des Segments mit dem Sinterdruck p=58bar vorkommen. Die Entstehung von solchen Poren kann auf die niedrige Umordnungsintensität in Kombination mit dem niedrigen Verdichtungsgrad zurückgeführt werden. Wobei die aufgeschmolzene Bindung um die Körner herum fließt ohne sie zu transportieren, sodass hohle Räume entstehen. Zu vermuten ist es darüber hinaus, dass solche grobe Räume zu lokalen Abschwächungen des Schleifbelags bei dem Einsatz führen. Daher sind sie eher unerwünscht.

Im Gegenteil zu dem Schliffbild des Segments, das unter 58 bar gesintert wurde, weist das Schliffbild von dem Segment mit dem Druckverlauf eine hohe Anzahl von kommunizierenden, durchgehenden Poren auf. Diese scheinen sich bei hoher Umordnung der Belagkomponenten zu bilden. Durch die kommunizierenden Poren besteht die Möglichkeit, dass Flüssigkeit in dem Schleifbelag aufgenommen wird, um somit während des Einsatzes eine Abkühlung in der Kontaktzone zu gewährleisten. Des Weiteren werden durch den Druckverlauf eine niedrigere Verschleißfestigkeit und ein höheres Elastizitätsmodul beobachtet. Diese Eigenschaften sind auf den hohen Verdichtungsgrad des Belags zurückzuführen, der einen kompakten, starren Aufbau des Belags verursacht.

Druckverlauf: Konstanter Druck:

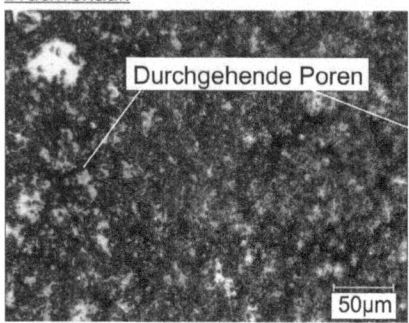 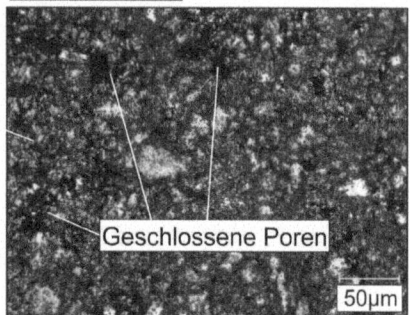

Zusammensetzung		Herstellparameter	
Schleifkorn	: cBN B6,3 / C125	Sinterzeit	: 55 Minuten
Füllkorn	: SiC#1200 / 10%	Sintertemperatur	: max. 680°C
Bindung	: Cu-Sn Bindung / 60%	Sinterdruck	var.

Abbildung 10.3 Schliffbilder

10.1.2 Einfluss der Sinterzeit

In dieser Arbeit wurden zwei Varianten zur Untersuchung des Einflusses der Sinterzeit betrachtet. Diese Varianten unterscheiden sich darin, ob diese Stellgröße in dem Segment 5 oder in dem Segment 7 des Sinterprogramms um 200 Sekunden erhöht wurde (Siehe Abbildung 5.1). Die beiden Varianten führen laut der durchgeführten Charakterisierungsuntersuchungen zu den gleichen qualitativen Beeinflussungen der Schleifscheibeneigenschaften. Jedoch zeigen diese Untersuchungen, dass die Erhöhung der Zeit des Segments 5, in dem mit Hilfe der Verdichtungsverläufe die hohe Materialumordnung festgestellt wurde, eine stärkere Beeinflussung der Schleifscheibeneigenschaften bewirkt.
Die qualitativen Verläufe der untersuchten Eigenschaften in Abhängigkeit der Sinter-

Einfluss der Herstellparameter

zeit sind in Abbildung 10.4 dargestellt. Aus dieser Abbildung geht hervor, dass bei der Erhöhung dieser Stellgröße sowohl eine höhere Verdichtung des Schleifbelags als auch eine intensivere Materialumordnung hervorgerufen wird. Grund hierfür ist, dass die Materialtransportprozesse über eine längere Zeit stattfinden. Daher bildet sich ein homogenes Gefüge, das wiederrum einen kompakten Aufbau des Belags gewährleistet. Die Steigung der Porosität als Folge einer Erhöhung der Sinterzeit kann, wie zuvor beschrieben, durch die Ausbildung der kommunizierenden Poren bei hoher Umordnungsintensität erklärt werden.

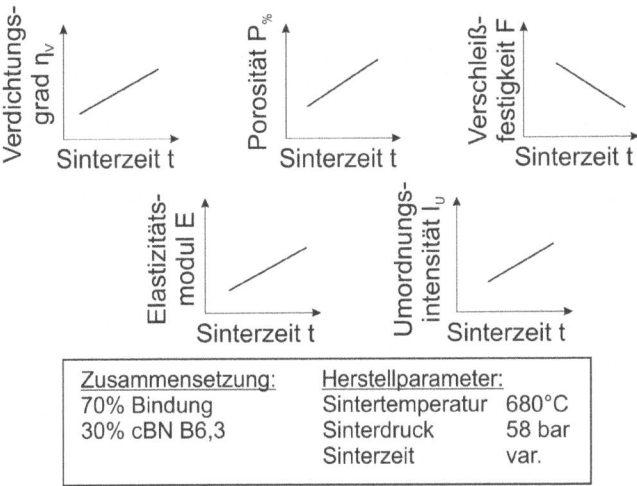

Abbildung 10.4 Einfluss der Sinterzeit auf die Schleifscheibeneigenschaften

Eine Erhöhung der Sinterzeit bewirkt darüber hinaus einen Anstieg des Elastizitätsmoduls und eine Senkung der Verschleißfestigkeit. Diese Beobachtungen lassen sich wie bei Untersuchung des Sinterdrucks auf die Beeinflussung der gesamten Aufbaus der Schleifscheiben. Hinzu kommt dass sich aufgrund der höheren Sinterzeit neue harte Phasen in dem Gefüge, gebildet haben. Diese harten Phasen führen zu einer Erhöhung der Verschleißfestigkeit.

10.2 Einfluss der Spezifikation

10.2.1 Einfluss des Bindungsanteils

In Abbildung 10.5 sind die Ergebnisse von den Charakterisierungsuntersuchungen zweier Schleifscheiben mit unterschiedlichen Bindungsanteilen dargestellt. Einen höheren Anteil der Bindung führt zu einer besseren Vernetzung der Belagkomponenten. Diese Beobachtung lässt sich durch die hohe Umordnungsintensität und den hohen Verdichtungsgrad bestätigen.

Einen leichten Anstieg der Porosität wird bei der Erhöhung des Bindungsanteils beobachtet. Diese Beobachtung lässt sich anhand der Schliffbilder in Abbildung 10.3 erklären. Wobei ein höherer Bindungsanteil die Entstehung der groben, geschlossenen Poren verhindert und dafür die Entstehung der kommunizierenden, durchgehenden Poren unterstützt.

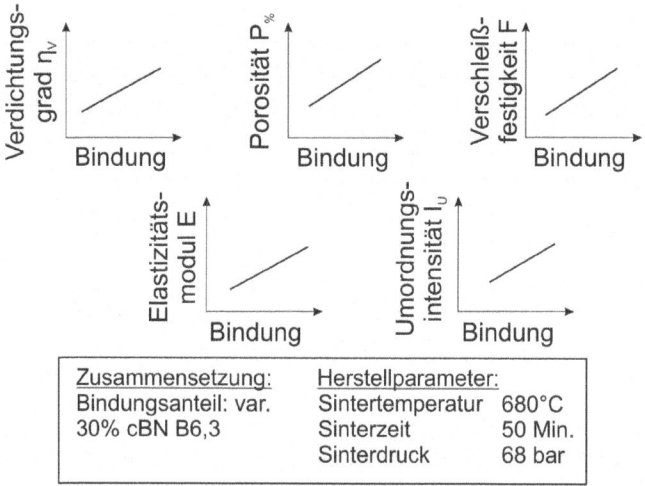

Abbildung 10.5 Einfluss des Bindungsanteils auf die Schleifscheibeneigenschaften

Da mehr Bronze pro Volumeneinheit durch Erhöhung des Bindungsanteils vorliegt, wird dem Belag eine höhere Festigkeit verliehen. Die Entwicklung des E-Moduls bei Variation des Bindungsanteils kann durch die Verteilung der einzelnen Bindungsbrücken zwischen den Körnern und zwischen den Poren erklärt werden. Da diese bei hohem Bindungsanteil dicker und gleichzeitig homogener verteilt sind, wird der gesamte Aufbau aus Körner und Bindung schwingungsunfähiger. Daher erhöht sich das Elastizitätsmodul bei der Erhöhung des Bindungsanteils.

10.2.2 Einfluss der Schleifkornkonzentration

Um den Einfluss einer Variation der Kornkonzentration auf die Eigenschaften zu untersuchen, werden die Ergebnisse von den Charakterisierungsuntersuchungen von zwei Schleifscheiben betrachtet. Während die erste Schleifscheibe aus 30% cBN-Schleifkorn (B6,3), 10% SiC-Sekundärkorn (#1200) und 60% Bindung besteht, setzt sich die zweite Schleifscheibe aus 40% cBN-Körnern und 60% Bindung zusammen. Da die Schleifscheibe mit der hohen Konzentration nur aus groben cBN-Schleifkörnern besteht, ist die gesamte Anzahl an Körnern bei diesem Werkzeug geringer. Hinzu kommt, dass die Grünlinge der beiden betrachteten Schleifscheiben bei gleicher Geschwindigkeit des Mischers und für eine gleich lange Zeit gemischt wurden. Daher ist die Effizienz des Mischvorgangs der Schleifscheibe, die keine SiC Körner beinhaltet, höher. Folglich ist es unwahrscheinlicher, dass Kornsammlungen in dem Grünling des hochkonzentrierten Werkzeugs sich befinden. Aus diesen genannten Gründen wird erwartet, dass die Materialumordnung bei diesem Werkzeug höher ist. Dieser Ansatz kann durch den in Abbildung 10.6 dargestellten quantitativen Verlauf der Umordnungsintensität bestätigt werden.

Diese hohe Materialumordnung führt wie zuvor beschrieben zu einer höheren Verdichtung des Belags, da die Bindung zwischen den Körnern besser fließt und somit einen kompakten Aufbau hervorruft.

Des Weiteren bewirkte eine Erhöhung der Schleifkornkonzentration eine Steigerung der Porosität. Diese Beobachtung lässt sich dadurch erklären, dass eine Volumeneinheit des Belags der Schleifscheibe mit der hohen Konzentration insgesamt aus weniger Körnern besteht. Dies führt dazu, dass die Abstände zwischen den einzelnen Körnern größer sind. Demzufolge ist es wahrscheinlicher, dass dort durchgehende Poren entstehen.

Bei Erhöhung der cBN-Kornkonzentration werden ein niedrigere Elastizitätsmodul und niedrigere Verschleißfestigkeit festgestellt. Diese Beobachtungen sind ebenfalls auf die Abstände zwischen den Körnern zurückzuführen. Da bei der Schleifscheibe mit der höheren Konzentration größere Abstände zwischen den Körnern vorliegen, sind die Bindungsstege länger. Diese langen Bindungsstege verleihen dem gesamten Aufbau eine höhere Flexibilität, die wiederum die hohe Schwingungsfähigkeit (niedrigeres Elastizitätsmodul) und die niedrige Wiederstandkraft beim Eindringen der Diamantspitze verursachen.

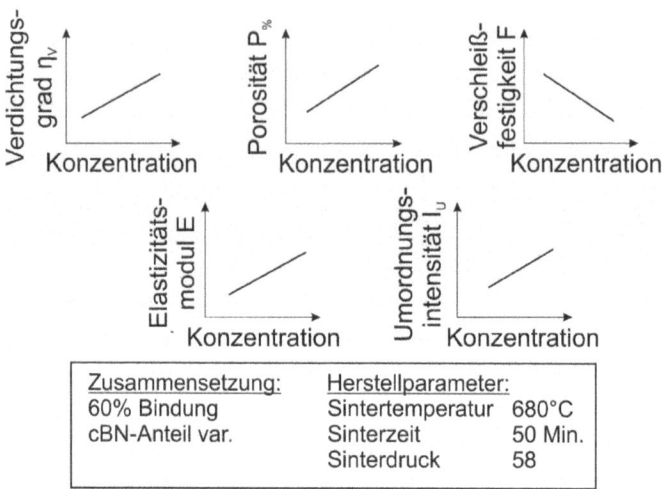

Abbildung 10.6 Einfluss der Schleifkornkonzentration auf die Schleifscheibeneigenschaften

10.2.3 Einfluss der Korngröße

Eine feinkörnige Schleifscheibe besteht im Vergleich zu einer grobkörnige Schleifscheibe aus einer höheren Anzahl von Körner. Hinzu kommt, dass wie im vorherigen Abschnitt erwähnt, die Effizienz des Mischvorgangs von dem Grünling bei niedriger Korngröße sinkt. Daher weist die Schleifscheibe mit den 2μm-cBN-Körner eine niedrigere Umordnungsintensität als die Schleifscheibe mit den 6,3μm-cBN-Körner (Abbildung 10.7). Ferner zeigt der qualitative Verlauf des Verdichtungsgrades, der in Abbildung 10.7 zu sehen ist, dass der Verdichtungsgrad größer wird, umso feiner die Schleifkörner sind. Grund hierfür ist, dass die feinen Körner sich zu einem kompakten Aufbau verdichten lassen.

In Abbildung 10.8 ist eine Aufnahme des Schleifbelags von dem Werkzeug, in dem cBN-Schleifkörner mit einer Größe von 2,3μm eingesetzt wurden. Zu erkennen auf dem Belag dieser Schleifscheibe ist die hohe Anzahl von den groben Poren. Laut den durchgeführten Charakterisierungsuntersuchungen geht jedoch hervor, dass sich die Porosität mit sinkender Korngröße verringert (Abbildung 10.7). Dies deutet darauf hin, dass es sich hierbei um die geschlossenen, groben Poren handelt, die zuvor identifiziert wurden. Die Entstehung von diesen Poren ist auf zwei Ursachen zurückzuführen. Zum einen resultiert aus der niedrigen Umordnungsintensität eine inhomogene Verteilung der Schleifkörner. Daher fließt die Bindung um die Körner herum ohne sie umzuordnen und bildet somit lokale Hohlräume, die die Entstehung der groben Poren erklären. Zum anderen scheinen sich die groben Poren aufgrund des niedrigen Bindungsanteils zu bilden. Ein Ansatz um die Entstehung dieser groben Poren zu verhindern, ist daher, mehr Bindung zu verwenden.

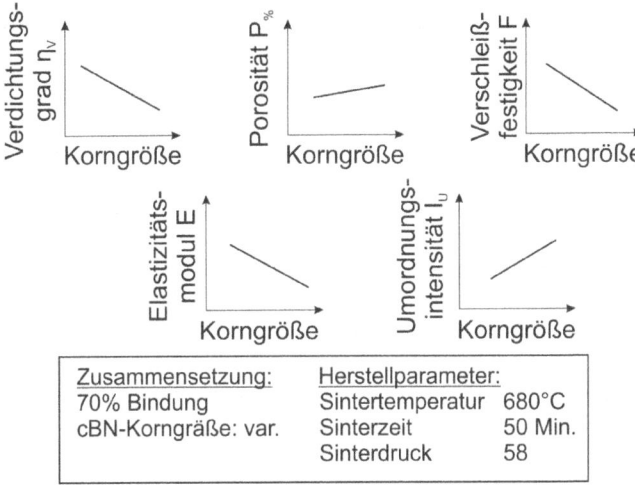

Abbildung 10.7 Einfluss der Korngröße auf die Schleifscheibeneigenschaften

Gemäß den Verläufen in Abbildung 10.7 erhöhen sich der Elastizitätsmodul und die Widerstandskraft bei einer Absenkung der Korngröße. Da feinkörnige Schleifscheiben hoch verdichtet sind, wird der gesamte Aufbau des Belags kompakter und dadurch schwingungsunfähiger und Verschleißfester.

Abbildung 10.8 Aufnahme des Belags von der Schleifscheibe DA-10

10.3 Fazit zur Herstellung metallischer Schleifscheiben

Die im Rahmen dieses Kapitels dargelegten Erkenntnisse über die Beeinflussung der Schleifscheibeneigenschaften durch die Variation von sowohl den Herstellparametern als auch den Spezifikationen gelten nur für bronzegebundenen cBN-Schleifscheiben mit Korngröße im Bereich 2μm bis 6,3μm.

Aus diesen Erkenntnissen lässt sich ableiten, dass der Materialumordnungsprozess während des Sinterns von den Schleifscheiben von großer Bedeutung ist. Bei hoher Materialumordnungsintensität entsteht ein kompakter Schleifbelag, in dem die Schleifkörner homogen verteilt und gut eingebettet sind, was die Zerspanleistung der Werkzeuge positiv beeinflusst. Darüber hinaus bilden sich in diesem Belag durchgehende Poren, die eine bessere Abkühlung und einen besseren Späneabfuhr ermöglichen.

Die Intensivierung der Materialumordnung erfolgt durch Modifikation der Herstellprozessparameter eines Werkzeugs. Beispielhaft wird empfohlen, dass der Sinterdruck vom Anfang des Sinterprozesses bis zum Erreichen der Sintertemperatur niedrig gehalten wird und anschließend erhöht. Dabei soll darauf geachtet werden, dass der Endsinterdruck so ausgewählt ist, dass eine ausreichende Endverdichtung erreicht wird. Ferner kann eine Steigerung der Umordnungsintensität durch Erhöhung der Sinterzeit realisiert werden. Wobei es zu empfehlen ist, dass die Sinterzeit in dem Bereich, in dem die Bindung zu aufschmelzen beginnt, erhöht wird. Neben der Modifikation der Prozessparameter kann die Umordnungsintensität durch Erhöhung des Bindungsanteils intensiviert werden. Somit wird gewährleistet, dass eine ausreichende Schmelze in der Mischung entsteht, die alle Komponenten besser vernetzt und die Körner abtransportiert, um sie homogener zu verteilen.

Weitere Charakterisierungsuntersuchungen zeigen, dass die Beeinflussung der Schleifscheibeneigenschaften im Allgemeinen in zwei Weisen erfolgt. Während mit dem Herstellprozessparameter sowie die Phasen in der Gefüge als auch der gesamte Aufbau, der wiederrum von zum Beispiel der Verdichtung und den Poren abhängt, beeinflusst werden können, wird mit Hilfe einer Variation der Spezifikationen nur auf den Aufbau agiert.

Es sei eine Schleifscheibe, die eine intensive Umordnungsintensität aufgrund einer Erhöhung ihres Bindungsanteils bei der Herstellung aufweist. Die Schleifkörner seien in dem Belag homogen verteilt und gut vernetzt. Darüber hinaus seien sie ausreichend voneinander entfernt, sodass sich Bindungsbrücken und Poren bilden. Die Betrachtung dieses Belags aus der Makroebene als ein gesamtes mechanisches System zeigt, dass dies einen niedrigen Elastizitätsmodul und niedrigere Verschleißfestigkeit aufweist.

Eine weitere Beeinflussung der oben beschriebenen Schleifscheibe durch Änderung der Herstellprozessparameter führt dazu, dass eventuell neue, harte Phasen in dem Gefüge entstehen. Daher werden bei solchen Schleifscheiben widersprüchliche Eigenschaften, wie beispielhaft niedriger Elastizitätsmodul und gleichzeitig hohe Härte, erkannt.

Während anderer Charakterisierungsuntersuchungen wird festgestellt, dass durch die Anpassung der Schleifscheibenspezifikationen Leistungsverluste der Schleifscheiben auftreten. Diese Leistungsverluste sind zum Großteil auf die Verschlechterung der Schleifscheibeneigenschaften zurückzuführen. Beispielhaft entstehen grobe, geschlossene Poren, die das Einsatzverhalten negativ beeinflussen, bei der Verringerung der Korngröße. Um diese Leistungsverluste auszugleichen, wird empfohlen, dass der Bindungsanteil erhöht oder dass der Herstellprozess modifiziert wird. Das bedeutet, dass bei der Variation der Spezifikation einer Schleifscheibe die Anpassung ihrer Bindungsanteil sowie ihre Herstellparameter unabdingbar ist.

11 Zusammenfassung und Ausblick

Zusammenfassung

Ziel dieses Vorhabens war es, 10 metallisch gebundene cBN-Schleifscheiben mit Korngrößen unterhalb 6,3 µm selbstherzustellen und für das Planschleifen des Vergütungsstahls X20Cr13 einzusetzen. Auf Basis dieser Untersuchungen wurde von den 10 Werkzeugen eine Schleifscheibe ausgewählt und zum Schleifen von Riblets eingesetzt.

Die Herstellung der Versuchswerkzeuge erfolgte in drei Schritten. Hintergrund hierfür war es, herstellungstechnische sowie spezifikationsspezifische, gezielte Anpassungen der Werkzeuge durchzuführen, um eine Steigerung ihres Leistungspotenzials zu erreichen. Daher erfolgten Variationen des Sinterdrucks und der Sinterzeit sowie Variationen des Bindungsanteils, der Kornkonzentration und der Korngröße.

Ein besonderes Augenmerk im Rahmen dieser Diplomarbeit galt der Charakterisierung von den Werkzeugen bereits vor dem Einsatz. Ausgehend von den aus dem Herstellungsprozess verfügbaren Daten erfolgte die Auslegung einer Reihe von Charakterisierungsuntersuchungen, mit Hilfe derer die Eigenschaften von Schleifscheiben definiert werden können. Die Charakterisierungsuntersuchungen wurden zum Teil an Schleifsegmenten durchgeführt. Diese wurden mit dem Wasserstrahlverfahren aus den Belägen von Schleifscheiben, die mit zu den 10 Versuchswerkzeugen identischen Zusammensetzungen und Parametern selbsthergestellt wurden, herausgeschnitten.

Um die Verdichtung einer Schleifscheibe zu definieren, wurde die Größe Verdichtungsgrad η_V eingeführt. Diese hängt von den Herstellparametern und von der Zusammensetzung der Schleifscheibe ab. Eine Erhöhung des Sinterdrucks oder eine Erhöhung des Bindungsanteils fuhren zu einer höheren Verdichtung der Schleifscheiben. Die ermittelten Verdichtungsgrade lagen zwischen $\eta_V=0,8$ und $\eta_V=0,84$.

Zur Charakterisierung der Homogenität der Komponentenverteilung sowie der Stärke der Kornhaltekräfte wurde die Kenngröße Umordnungsintensität während der Flüssigphasensinterns I_U, die von dem Verdichtungsverlauf über die Zeit abgeleitet wurde, eingeführt. Die durchgeführten Sinteruntersuchungen zeigten, dass diese Größe, wie der Verdichtungsgrad, von den Herstellprozessgrößen und von der Zusammensetzung abhängt. Beispielsweise wurde eine hohe Materialumordnung bei der Erhöhung der Sinterzeit, bei der Reduzierung des Sinterdrucks am Anfang des Sinterprozesses und bei der Erhöhung des Bindungsanteils beobachtet. In diesem Zusammenhang bedeutet eine hohe Umordnungsintensität eine homogene Verteilung der Körner sowie hohe Haltekräfte. Im Rahmen der durchgeführte Untersuchungen variierte die Umordnungsintensität zwischen I_U=1,9 und I_U=6,2.

In einer weiteren Untersuchung wurde eine Methode zur Messung der Porosität mit Hilfe der Segmente entwickelt. Diese Methode beruhte darauf, das maximale Volumen der Emulsion, das von dem Segment eingesaugt werden kann, zu bestimmen, um daraus die Porosität $P_\%$ zu berechnen. Aus dieser Untersuchung geht hervor, dass die gemessenen Werte zwischen $P_\%$=7% und $P_\%$=20 variieren und dass die Standardabweichung bei maximal σ=3% liegt. Alle durchgeführten Untersuchungen weisen sowohl Korrelationen zwischen die Herstellparameter sowie Zusammensetzung und Porosität als auch Korrelationen zwischen Umordnungsintensität sowie Verdichtungsgrad und Porosität nach. Während bei steigender Umordnungsintensität die Porosität sich erhöhte, wurde bei hohen Verdichtungsgraden eine sinkende Tendenz dieser Kenngröße identifiziert.

Mit Hilfe einer Diamantspitze wurden Eindringversuche in die Segmente durchgeführt um darauf basierend Erkenntnisse über die Verschleißfestigkeit der Schleifscheiben zu gewinnen. Für jede Schleifscheiben wurden um die 200 Messungen ausgewertet. Die resultierenden Widerstandkräfte variierten zwischen F_W=70N und F_W=200N bei einer maximalen Abweichung von σ=4N.

An Bruchversuche anknüpfend konnten die Elastizitätsmodule der Schleifscheiben bestimmt werden. Diese variierten zwischen E=1,17 10^{09}N/m² und E=2,33 10^{09}N/m² (maximale Abweichung σ=8 10^{07}N/m²). Mit Hilfe des E-Moduls konnten Rückschlüsse über den gesamten Aufbau der Schleifscheibe gezogen werden. Wobei hohe E-Module einen starren Aufbau der Schleifscheibe bedeuten.

Mit Hilfe der aus den Charakterisierungsuntersuchungen ermittelten Daten wurden Schleifscheibenmodelle abgebildet. Diese konnten zur Erklärung der Einsatzverhalten der Werkzeuge während der Planschleifuntersuchungen verwendet werden.

Die Beurteilung der Leistungen von den Schleifscheiben basierte auf einer Analyse der Prozesskräfte und der Standzeit. Während der Planschleifuntersuchungen wurde nachgewiesen, dass die Schleifscheiben, die eine hohe Umordnungsintensität und hohen Porenanteil in Kombination mit einer hohen Verschleißfestigkeit und niedrigem Elastizitätsmodul aufweisen, die besten Leistungen erbracht haben. Im Rahmen dieser Untersuchungen variierten die von den Werkzeugen maximal abgetrennten, bezogenen Zerspanvolumina zwischen V'_W=5mm³/mm und V'_W=30mm³/mm.

Für die Durchführung der Ribletsschleifuntersuchungen wurde ein geeignetes Werkzeug ausgewählt. Die qualitative Betrachtung der Strukturierungsuntersuchungen zeigte, dass Abweichungen der Geometrien aufgrund der seitlichen Auslenkungen der

Graphitelektrode entstehen. Die mit diesen Strukturen geschliffenen Riblets wiesen eine Profilhöhe von h=8µm bei einem Aspektverhältnis von a=0,08 auf.

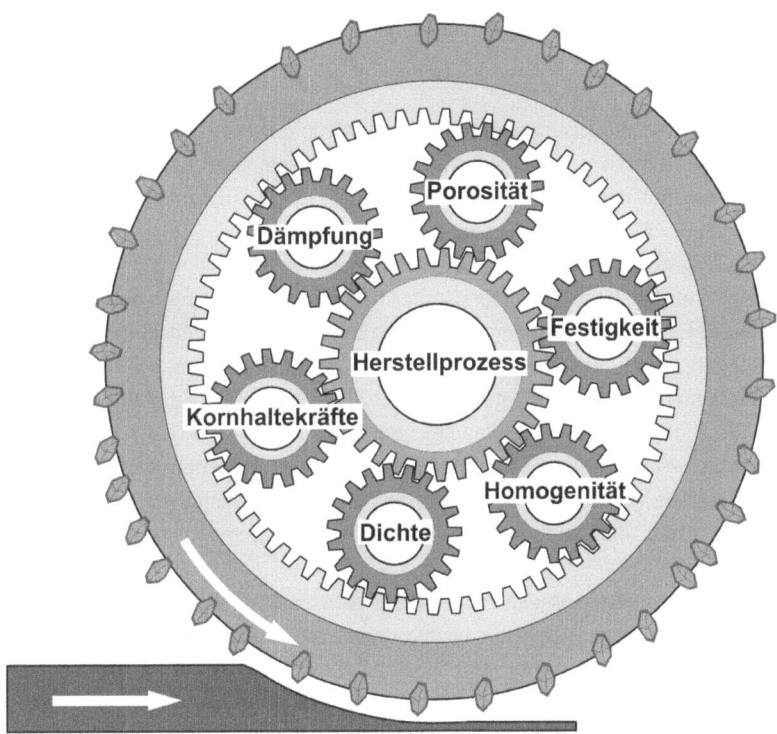

Abbildung 11.1 Einfluss des Herstellprozesses

Die Betrachtung der Schleifscheibenleistungen aus herstellungstechnischer Perspektive zeigt, dass eine Variation der Schleifkornkonzentration oder der Korngröße zur Veränderung der Eigenschaften der Werkzeuge führt. Beispielsweise wurden bei der Schleifscheibe mit der kleinen Korngröße eine hohe Verdichtung sowie grobe Poren auf dem Belag beobachtet. Die Beeinflussung dieser Eigenschaften führte zu einer Verschlechterung der Schleifscheibenleistung. Um diesen Leistungsverlust zu vermeiden sollen die Herstellparameter oder der Bindungsanteil angepasst werden. Zusammengefasst wird diese Diplomarbeit durch die Abbildung 11.1, die die enge Verzahnung zwischen Herstellprozess, Schleifscheibenparametern und Einsatz-verhalten durch ein Planetengetriebe darstellt. Unabhängig davon, ob während des Herstellprozesses, der durch ein Sonnenrad dargestellt ist, die Herstellungsparameter oder die Spezifikationen variiert wurden, werden die Schleifscheibeneigenschaften in diesem Schritt definiert. Diese Eigenschaften, die als einzelne Zahnräder abgebildet sind, bestimmen wiederum das Einsatzverhalten der Schleifscheibe, die durch das Hohlrad repräsentiert ist.

Ausblick

Bei den Plan- und Ribletsschleifuntersuchungen von dem vergüteten Stahl X20Cr13 wird ein hoher abrasiver Verschleiß der Werkzeuge festgestellt. Um diesen zukünftig zu vermeiden, soll die verwendete Bronze-Bindung durch Zusatzstoffe, wie beispielsweise Zinn oder Aluminium, angepasst werden.

Obwohl die durchgeführten Variationen der Schleifscheiben sich nur auf die Kornkonzentration und –größe sowie Bindungsanteil begrenzt haben, wurden deutliche Unterschiede der Einsatzverhalten beobachtet. Ein breites Forschungsfeld stellt daher die Untersuchung des Einflusses von weiteren Bindungszusatzstoffen, wie Hartmetall, oder weitere Möglichkeiten zur Behandlung der Schleifkörner zur Erhöhung ihrer Haltekräfte, wie zum Beispiel Korn-Ummantelungen.

Im Rahmen dieses Vorhabens erfolgten nur Variationen des Sinterdruck und der Sinterzeit. Beispiele von weiteren Aspekten, die zukünftig betrachtet werden sollen, stellen der Schutzgas, die Sintertemperatur sowie die Vorverdichtung und der Mischungsvorgang, dar.

Um die Reproduzierbarkeit des Herstellprozesses zu erhöhen und genauere Rückschlüsse auf den Einfluss der Herstellparameter zu ziehen, empfiehlt es sich laut der durchgeführten Fehlerbetrachtungsanalyse die Temperaturreglung zu optimieren und die Messgenauigkeit der Pressstempelposition zu erhöhen.

Auf den durchgeführten Charakterisierungsuntersuchungen aufbauend sollen Optimierungsmaßnahmen der Versuchsaufbauten vorgenommen werden. Ziel dabei soll es sein, normierte Versuche durchzuführen, um zuverlässigere Ergebnisse zu gewinnen. Die Ergebnisse zur Charakterisierung können dazu verwendet werden, um Finite-Elemente-Simulationsmodelle zu entwickeln.

Um ein besseres Verständnis des Einflusses von dem Herstellprozesses über die Schleifscheibeneigenschaften zu erlangen, wird empfohlen, sich mit den Geschehnisse während des Sinterprozesses intensiver auseinander zu setzen. Zu diesem Zweck sollen beispielsweise metallurgische Untersuchungen der Bindungsgefüge sowie Echtzeitüberwachung der Transportprozesse in der Mischung bei dem Sintern realisiert werden.

12 Literaturverzeichnis

[AUR09]   Aurich, J.C., Schueler, G.M. und Engmann, J. 2009.*Komplexe Mikrostrukturierung von Hartmetall mit 20 µm Mikroschleifstiften.* s.l. : Diamond Business, 2009.

[AUR09a] Aurich, J. C., et al. 2009.*Micro Grinding Tool for Manufacture of Complex Structures in Brittle Materials.* s.l. : Annuals of the CIRP 58, 2009.

[BEC90]   Bechert, D.M. und Barlenwerfer, M. 1990.*Turbulent Drag Reduction by Nonplanar Surfaces.* Berlin : TU-Berlin, 1990.

[BRU98]   Bruse, Martin. 1998.*Zur Strömungsmechanik wandreibungsvermindernder riblet-Oberflächen.* Berlin : Fortschritt-Berichte-VDI, 1998.

          Denkena, B und Tönshoff, K.H. 2010.*Spanen, Grundlagen.* Hannover : Springer Verlag, 2010.

[DEN10a] Denkena, B., De Leon, L. und Wang, B. 2010.*Burr Formation and Removal at Profile Grinding of Riblet Structures.* Hannover : Springer-Ver-

[DEN10]   lag Berlin Heidelberg, 2010. DOI 10.1007/978-3-642-00568-8_16.

          Denkena, B., Köhler, J. und Preising, D. 2012.*Fein, feiner - Diamantfeinkornscheiben.* Hannover : Werkstattstechnik online, 2012.

[DEN12]   Fischer, S. 2000.*Fertigungssysteme zur spanenden Herstellung von Mikrostrukturen.* Aachen : RWTH Aachen, 2000.

[FIS00]   Hage, Wolfram. 2004.*Zur Widerstandsverminderung von dreidimensionalen Riblet-Strukturen und andere Oberflächen.* Berlin : TU-Berlin, 2004.

[HAG04]   Hahmann, Dennis Martin. 2012.*Produktives Schleifen von dreidimensionalen Mikrostrukturen.* Hannover : Instiut für Fertigungstechnik und Werkzeugmaschinen, 2012.

[HAH12]   Klocke, Fritz und König, Wilfried. 2005.*Fertigungsverfahren 2: Schleifen, Honen, Läppen.* Aachen : Springer Verlag, 2005. 3-540-23496-9.

          Mulleners, K. 2012. Grundgleichungen der Strömungsmechanik. *Folien*

[KLO05]   *zur Vorlesung Strömungsmechanik II.* Hannover : Institut für Turbomaschinen und Fluiddynamik, 2012.

[MUL12]   Oehlert, Karsten, et al. 2007.*Exploratory Experiments on Machined Riblets for 2-D Compressor Blades.* Seattle, Washington, USA : ASME International Mechanical Engineering Congress and Exposition, 2007.

[OEH07]   Paucksch, Eberhard, et al. 2008.*Zerspantechnik.* Kassel : Teubner, 2008.

[PAU08] Reif, Wolf-Ernst. 1985.*Squamation and Ecology of Sharks*. Frankfurt a. M. : Courier Forschungsinstitut Seckenberg, 1985.

[REI85] **Schatt, W., Wieters, K.-P. und Kieback, Bernd. 2007.***Pulvermetallurgie*. s.l. : VDI-Verlag, 2007.

[SCH07] **Schatt, Werner. 1988.***Pulvermetallurgie Sinter- und Verbundwerkstoffe*. Heidelberg : Dr. Alfred Hüthig Verlag, 1988.

[SCH88] —. 1992.*Sintervorgänge - Grundlagen*. Düsseldorf : VDI-Verlag, 1992.

Schlichting, H und Gersten, K. 2006.*Grenzschichttheorie*. Bochum : Springer, 2006.

[SCH06] **Seume, Jörg. 2012.** Skript zur Vorlesung Strömungsmechanik II. Hannover : Institut für Turbomaschinen und Fluiddynamik, 2012.

[SEU12] **Sudermann, H., Reichenbach, I. G. und Aurich , J. C. 2010.***Analytical Modeling and Experimental Investigation of Burr Formation in Grinding*.

[SUD10] Kaiserslautern : Springer-Verlag Berlin Heidelberg, 2010. DOI 10.1007/978-3-642-00568-8_7.

[UHL01] **Uhlmann, E., Pilz, S. und Doll, U. 2001.***Funkenerosion in der Mikrotechnik*. Berlin : TU Berlin, 2001. ISSN: 1436-4980.

[VÖL06] **Völklein, Friedemann und Zetterer, Thomas. 2006.***Praxiswissen Mikrosystemtechnik: Grundlagen, Technologien und Anwendungen*. Wiesbaden : Viewweg Praxiswissen, 2006.

[WAL83] **Walsch, M. J. 1983.***Riblets as Viscous Drag Reduction Technique*. Hampton (Virginia) : NASA Langley Research Center, 1983.

[WAL89] **Walsch, M. J. und Anders, J. B. 1989.***Riblet/ LEBU research at NASA Langley*. Hampton (Virginia) : NASA Langley Research Center, 1989.

[WAL86] **Walsh, M. J. 1986.***Riblets for Aircraft Skin-Friction Reduction*. Hampton (Virginia) : National Aeronautics and Space Administration, 1986. N88-14955/4.

[WAN10] **Wang, Bo. 2010.***Herstellung funktionaler Riblet-Strukturen durch Profilschleifen*. Hannover : IFW, 2010.

[WEN02] **Wenda, Andreas. 2002.***Schleifen von Mikrostrukturen in sprödharten Werkstoffe*. Braunschweig : Institut für Werkzeugmaschinen und Fertigungstechnik, 2002. ISBN 3-8027-8668-8.

The manufacturer's authorised representative in the EU is Springer Nature Customer Service Centre GmbH, Europaplatz 3, 69115 Heidelberg, Germany. If you have any concerns regarding our products, please contact ProductSafety@springernature.com

Printed and bound by CPI Group (UK) Ltd, Croydon, CR0 4YY
23/03/2026
02076446-0004